中 等 职 业 学 校
建筑工程施工专业核心课程教材

ZHONGDENG ZHIYE XUEXIAO
JIANZHU GONGCHENG SHIGONG ZHUANYE HEXIN
KECHENG JIAOCAI

建 筑 构 造 （第3版）

JIANZHU GOUZAO

主编 ■ 庞澄纲　马文进　李赟颢　李红梅　杨秀英

U0379691

重庆大学出版社

内容提要

本书为中等职业学校建筑工程施工专业核心课程教材。全书包括 8 个模块，共 25 个任务，主要内容包括民用建筑、基础、地下室、墙体、楼地层、垂直交通设施、门与窗、屋顶。每个任务设置有思考与练习，每个模块后设置有考核与鉴定，可供学生复习和考核使用。

本书可作为中等职业学校建筑类专业教材，也可作为相关行业岗位培训教材或自学用书。

图书在版编目（CIP）数据

建筑构造／庞澄纲等主编. -- 3 版.--重庆：重庆大学出版社,2021.2（2022.2 重印）

中等职业学校建筑工程施工专业核心课程教材

ISBN 978-7-5624-9684-7

Ⅰ.①建… Ⅱ.①庞… Ⅲ.①建筑构造—职业高中—教材 Ⅳ.①TU22

中国版本图书馆 CIP 数据核字（2020）第 123629 号

中等职业学校建筑工程施工专业核心课程教材

建筑构造（第 3 版）

主　编　庞澄纲　马文进　李寶颢　李红梅　杨秀英
策划编辑:刘颖果　范春青
责任编辑:刘颖果　　版式设计:刘颖果
责任校对:杨育彪　　责任印制:赵　晟

*

重庆大学出版社出版发行
出版人:饶帮华
社址:重庆市沙坪坝区大学城西路 21 号
邮编:401331
电话:(023) 88617190　88617185(中小学)
传真:(023) 88617186　88617166
网址:http://www.cqup.com.cn
邮箱:fxk@ cqup.com.cn（营销中心）
全国新华书店经销
重庆华林天美印务有限公司印刷

*

开本:787mm×1092mm　1/16　印张:11.75　字数:287 千
2021 年 2 月第 3 版　　2022 年 2 月第 6 次印刷
印数:16 001—20 000
ISBN 978-7-5624-9684-7　定价:35.00 元

序　言

当今时代,党和国家高度重视职业教育,加快发展现代职业教育,弘扬劳动光荣、技能宝贵、创造伟大的时代风尚,就读职业学校日益成为初中毕业生及家长教育消费的理性选择。建筑工程施工专业是重庆市中等职业教育中的大专业,每年为建筑业输送上万名高素质劳动者和技能型人才,为经济社会发展做出了积极贡献。但随着社会的发展,建筑业对职业教育人才培养的目标与规格提出了新的要求,倒逼职业教育课程教学内容及人才培养模式、教学模式、评价模式进行改革与创新。

重庆市土木水利类专业教学指导委员会和重庆市教育科学研究院,自觉承担历史使命,得到重庆市教育委员会的大力支持和相关学校的鼎力配合,于2013年开始酝酿,2014年总体规划设计,2015年全面启动了中等职业教育建筑工程施工专业教学整体改革,以破解问题为切入点,努力实现统一核心课程设置、统一核心课程的课程标准、统一核心课程的教材、统一核心课程的数字化教学资源开发、统一核心课程的题库建设和统一核心课程的质量检测等"六统一"目标,进而大幅度提升人才培养质量,根本性改变"读不读一个样"的问题,持续性增强中等职业教育建筑工程施工专业的社会吸引力。

此次改革确定的8门核心课程分别是:建筑材料,建筑制图与识图,建筑CAD,建筑工程测量,建筑构造,建筑施工技术,施工组织与管理,建筑工程安全与节能环保。既原则性遵循了教育部发布的建筑工程施工专业教学标准,又结合了重庆市实际,还充分吸纳了相关学校实施国家中等职业教育改革发展示范学校建设计划项目的改革成果。

从教材编写创新方面讲,本套教材充分体现了"任务型"教材的特点,其基本体例为"模块+任务",每个模块的组成分为四个部分:一是引言;二是学习目标;三是具体任务;四是考核与鉴定。每个任务的组成又分为五个部分:一是任务描述与分析;二是方法与步骤;三是知识与技能;四是拓展与提高;五是思考与练习。使用本套教材,需要三个方面的配套行动:一是配套使用微课资源;二是配套使用考试题库;三是配套开展在线考试。建议的教学方法为"五环四步",即每个模块按照"能力发展动员、基础能力诊断、能力发展训练、能力水平鉴定和能力教学反思"五个环节设计;每个任务按照"任务布置、协作行动、成果展示、学习评价"四个步骤进行。

　　本套教材的编写机制为编委会领导下的编者负责制,每本教材都附有编委会名单,同时署具体编写人员姓名。本套教材在编写过程中得到了重庆大学出版社、重庆浩元软件公司等单位的积极配合,在此表示感谢!

编委会执行副主任
重庆市教育科学研究院职业教育与成人教育研究所
副所长、研究员
谭绍华
2015 年 7 月 30 日

前　言

　　建筑构造是建筑工程施工专业的核心、必修课程之一,旨在使学生依据建筑构造基本原理,掌握建筑的构造组成及做法,具备正确的识读与绘制构造大样图的能力,培养精益求精的工作态度,发展自主创新的能力,为学习建筑施工技术、建筑工程预算、建筑工程测量、施工组织与管理等专业课程奠定基础。本书共70学时,开设于第二学期。

　　本书编写的背景,一是国家大力发展现代职业教育,要求职业教育人才培养模式、教学模式、评价模式改革和教学内容、方式、环境、手段创新,以适应建筑业日益发展变化的人才需求;二是国家实施中等职业教育改革发展示范学校建设计划项目(部分省市还实施了省级中等职业教育改革发展示范学校建设计划项目),相关学校在建筑工程施工专业的教学改革方面开展了大量工作,形成了系列成果,具有一定的推广应用价值,但也存在需要整合提炼的必要。

　　本书在编写过程中参考了大量的教材开发成果,集各家所长,在此基础上,基于任务型职业教育教材编写的理念,构建新的"模块+任务"知识与技能逻辑体系,所有任务采用动宾结构的表述方式。其创新之处在于,每个模块后面有"考核与鉴定"试题,每个任务后面有"思考与练习"试题,知识点与技能点有"微课"教学资源。

　　本书包括8个模块,共25个任务。

　　第一模块民用建筑,包括3个任务,分别是:任务一,掌握民用建筑分类与分级;任务二,掌握民用建筑各组成部分的作用及要求;任务三,了解建筑标准化与模数协调。主要编写者是重庆市三峡水利电力学校李赟颢。建议学时为5。

　　第二模块基础,包括2个任务,分别是:任务一,了解基础的定义与分类;任务二,掌握常用基础的构造类型。主要编写者是重庆市三峡水利电力学校李赟颢。建议学时为4。

　　第三模块地下室,包括2个任务,分别是:任务一,了解地下室的类型及组成;任务二,掌握地下室防潮及防水构造。主要编写者是重庆市三峡水利电力学校李赟颢。建议学时为3。

　　第四模块墙体,包括5个任务,分别是:任务一,了解墙体的分类;任务二,理解墙体的作用与要求;任务三,掌握砖墙的构造;任务四,掌握砌块墙的构造;任务五,掌握墙面的装饰。主要编写者是重庆市丰都县职业教育中心杨秀英、马文进、李红梅。建议学时为20。

　　第五模块楼地层,包括3个任务,分别是:任务一,理解楼地层的组成与分类;任务二,掌握楼地层的构造;任务三,了解阳台与雨篷。主要编写者是重庆市丰都县职业教育中心李红梅、马文进、杨秀英。建议学时为 12。

第六模块垂直交通设施,包括 4 个任务,分别是:任务一,了解楼梯作用与分类;任务二,掌握楼梯的组成与尺寸要求;任务三,理解钢筋混凝土楼梯的构造;任务四,了解其他常用垂直交通设施。主要编写者是重庆市丰都县职业教育中心马文进、李红梅、杨秀英。建议学时为 12。

第七模块门与窗,包括 3 个任务,分别是:任务一,了解门窗的分类;任务二,理解门窗的作用;任务三,掌握门窗的构造。主要编写者是重庆市涪陵区职业教育中心庞澄纲。建议学时为 4。

第八模块屋顶,包括 3 个任务,分别是:任务一,了解屋顶的作用与分类;任务二,掌握平屋顶的构造;任务三,掌握坡屋顶的构造。主要编写者是重庆市涪陵区职业教育中心庞澄纲。建议学时为 10。

书中难免有不足和疏漏之处,恳请广大师生对本书提出批评与指导,并将意见和建议通过重庆大学出版社等途径反馈给我们,以便在后续版本中及时改正、日臻完善。

编　者
2015 年 11 月

目 录

模块一　民用建筑

民用建筑,即非生产性建筑,是供人们居住和进行公共活动的建筑的总称。为建造绿色环保、经济耐用、安全可靠、舒适美观的建筑,学习民用建筑的相关知识就显得尤为重要。本模块主要有三个学习任务:掌握民用建筑分类与分级;掌握民用建筑各组成部分的作用及要求;了解建筑标准化与模数协调。

学习目标

(一)知识目标

1.掌握民用建筑的分类与分级;

2.掌握民用建筑各组成部分的作用及要求;

3.了解建筑标准化与模数协调。

(二)技能目标

1.能正确辨别各种类型的建筑物;

2.能说出民用建筑构造组成情况及其作用;

3.能正确认识图纸中的定位轴线。

(三)职业素养目标

1.培养标准、规范等资料收集、整理、利用的习惯;

2.形成良好的审美意识;

3.养成良好的识图习惯。

任务一　掌握民用建筑的分类与分级

 任务描述与分析

　　无论是在宁静的乡村还是繁华的都市,不同的民用建筑都有着各自的作用,它们的建造规模、投入资金、使用年限、耐火等级等都有着很大的区别。为了使建筑能够充分发挥它们的投资效益,我们给民用建筑进行了分类与分级。

　　本任务的具体要求:掌握民用建筑的分类;理解民用建筑的等级划分。

知识与技能

（一）民用建筑的分类

1.按建筑使用功能分类

（1）居住建筑:供人们生活起居用的建筑,如住宅、公寓、宿舍等,如图1-1-1所示。其特点是人员少,流动性小。

（2）公共建筑:供人们工作、学习及进行政治、经济、文化、商业等活动的建筑,如图1-1-2所示。其特点是人员多,流动性大。

图1-1-1　某小区住宅

图1-1-2　某体育馆

2.按建筑的修建量和规模大小分类

按规模大小不同,民用建筑可以分为大量性建筑和大型性建筑。

（1）大量性建筑:其特点是与人们生活关系密切,建造数量大,如住宅、托儿所、中小学、中小型商店、医院等,如图1-1-3所示。

（2）大型性建筑:其特点是规模大、耗资高、技术复杂,如大型火车站、大型剧院、大型体育馆、大型商场、航空港、大型博览馆等,如图1-1-4所示。

图 1-1-3　某新农村建设楼房

图 1-1-4　某大型商场

3.民用建筑按建筑高度分类

①建筑高度不大于 27.0 m 的住宅建筑、建筑高度不大于 21.0 m 的公共建筑及建筑高度大于 21.0 m 的单层公共建筑为低层或多层民用建筑;

②建筑高度大于 27.0 m 的住宅建筑和建筑高度大于 24.0 m 的非单层公共建筑,且高度不大于 100.0 m 的为高层民用建筑;

③建筑高度大于 100.0 m 为超高层建筑。

4.按主要承重结构的材料分类

按主要承重结构材料的不同,建筑可以分为木结构、块材砌筑结构、钢筋混凝土结构、钢结构和其他建筑结构建筑。

(1)木结构建筑:大部分用木材建造或以木材为主要受力构件的建筑物。木结构适用于低层、规模较小的建筑,也是我国古代建筑中广泛采用的结构形式。

(2)块材砌筑结构建筑:砖砌体、砌块砌体、石砌体建筑的统称。块材砌筑结构适用于多层建筑。

(3)钢筋混凝土结构建筑:以钢筋混凝土柱、梁、板承重的多层和高层建筑。这种结构是我国目前房屋建筑中应用最为广泛的一种结构形式。

(4)钢结构建筑:以型钢等钢材作为房屋承重骨架的建筑。钢结构适用于高层及超高层等大型公共建筑。

(5)其他结构建筑:主要有生土建筑、充气建筑和塑料建筑等。

(二)民用建筑的分级

为了使建筑充分发挥投资效益,避免造成浪费,适应社会发展的需要,我国对各类建筑进行了分级。民用建筑一般按使用年限和耐火性能划分等级。

1.按设计使用年限分级

建筑的使用年限主要指建筑主体结构的设计使用年限,即设计规定的结构或构件不需要进行大修即可按其预定目的使用的时期。《民用建筑设计统一标准》(GB 50352—2019)将设计使用年限分为4个等级,见表1-1-1。

表 1-1-1　设计使用年限分类

类　别	设计使用年限/年	示　　例
1	5	临时性建筑
2	25	易于替换结构构件的建筑
3	50	普通建筑和构筑物
4	100	纪念性建筑和特别重要的建筑

2.按建筑物的耐火性能分级

建筑物的耐火等级是衡量建筑物耐火程度的标准,现行《建筑设计防火规范》(GB 50016—2014,2018年版)将民用建筑的耐火等级划分为4级,一级耐火性能最好,四级最差。

建筑物的耐火等级由房屋构件的耐火极限和燃烧性能两个因素确定,见表1-1-2。

表 1-1-2　不同耐火等级建筑相应构件的燃烧性能和耐火极限　　　　单位:h

构件名称		耐火等级			
		一级	二级	三级	四级
墙	防火墙	不燃性 3.00	不燃性 3.00	不燃性 3.00	不燃性 3.00
	承重墙	不燃性 3.00	不燃性 2.50	不燃性 2.00	难燃性 0.50
	非承重外墙	不燃性 1.00	不燃性 1.00	不燃性 0.50	可燃性
	楼梯间和前室的墙、电梯井的墙、住宅建筑单元之间的墙和分户墙	不燃性 2.00	不燃性 2.00	不燃性 1.50	难燃性 0.50
	疏散走道两侧的隔墙	不燃性 1.00	不燃性 1.00	不燃性 0.50	难燃性 0.25
	房间隔墙	不燃性 0.75	不燃性 0.50	难燃性 0.50	难燃性 0.25
柱		不燃性 3.00	不燃性 2.50	不燃性 2.00	难燃性 0.50
梁		不燃性 2.00	不燃性 1.50	不燃性 1.00	难燃性 0.50

续表

构件名称	耐火等级			
	一级	二级	三级	四级
楼板	不燃性 1.50	不燃性 1.00	不燃性 0.50	可燃性
屋顶承重构件	不燃性 1.50	不燃性 1.00	可燃性 0.50	可燃性
疏散楼梯	不燃性 1.50	不燃性 1.00	不燃性 0.50	可燃性
吊顶(包括吊顶搁栅)	不燃性 0.25	难燃性 0.25	难燃性 0.15	可燃性

注:①除另有规定外,以木柱承重且墙体采用不燃材料的建筑,其耐火等级应按四级确定。
　　②住宅建筑构件的耐火极限和燃烧性能可按现行国家标准《住宅建筑规范》(GB 50368—2005)的规定执行。

1)耐火极限

建筑构件在规定的耐火实验条件下得出的耐火极限时间称为耐火极限,具体是指从受火作用时起,到失去支持能力或完整性被破坏或失去隔火作用时止的这段时间,用 h 表示。

2)燃烧性能

建筑构件的燃烧性能分为以下三类:

(1)不燃烧体:用不燃烧材料做成的建筑构件,如天然石材、人工石材、金属材料等。

(2)难燃烧体:用难燃烧材料做成的建筑构件,或用燃烧材料做成而用不燃烧材料做保护层的建筑构件,如沥青混凝土构件、木板条抹灰的构件等。

(3)燃烧体:用燃烧的材料做成的建筑构件,如木材等。

 拓展与提高

(一)民用建筑复杂程度等级的具体标准

● 30 层以上建筑为特级工程;

● 16~29 层或高度超过 50 m 的公共建筑为一级工程;

● 16~29 层的住宅建筑为二级工程;

● 7~15 层有电梯的住宅或框架结构建筑为三级工程;

● 7 层以下无电梯的住宅为四级工程;

● 1~2 层或单功能建筑为五级工程。

(二)建筑师的设计范围

● 一级注册建筑师均可设计;

● 二级注册建筑师可设计三级以下的建筑。

思考与练习

（一）单项选择题

1.建筑高度大于(　　)为超高层建筑。

A.24 m B.27 m C.100 m D.100 层

2.建筑物的耐久等级为二级时,其耐久年限为(　　)。

A.50~100 年 B.80~150 年 C.25~50 年 D.15~25 年

3.建筑物的设计使用年限为 50 年,适用于(　　)。

A.临时性结构 B.易于替换的结构构件

C.普通房屋和构筑物 D.纪念性建筑和特别重要的建筑结构

4.建筑物的耐火等级可分为(　　)级。

A.一 B.二 C.三 D.四

5.10 层有电梯的住宅属于(　　)工程。

A.特级 B.一级 C.二级 D.三级

（二）多项选择题

1.民用建筑按建筑规模和数量分类,可分为(　　)。

A.大量性建筑 B.大规模建筑 C.大型性建筑

D.高耗资建筑 E.农业建筑

2.根据建筑构件的燃烧性能不同,把建筑构件分为(　　)。

A.燃烧体 B.易燃烧体 C.难燃烧体

D.不燃烧体 E.极易燃烧体

（三）判断题

1.住宅建筑按层数划分,其中 3~6 层为多层,10 层以上为高层。　　　　　　(　　)

2.根据现行《建筑设计防火规范》,高层建筑的耐火等级分为四级。　　　　　(　　)

任务二　掌握民用建筑各组成部分的作用及要求

任务描述与分析

　　一栋房屋由许多部分组合而成,这些组成部分在建筑上称为构配件或组合件。由于不同构配件所处的位置不一样,所以它们的作用也不一样。

　　本任务的具体要求:掌握民用建筑物的组成;掌握民用建筑物各组成部分的作用。

知识与技能

　　一般民用建筑由基础、墙或柱、楼地层、楼梯（电梯）、屋顶、门窗六大主要部分组成，如图1-2-1所示。它们处在不同的部位，发挥着不同的作用。不同功能的民用建筑，还有一些特有的构件和配件。

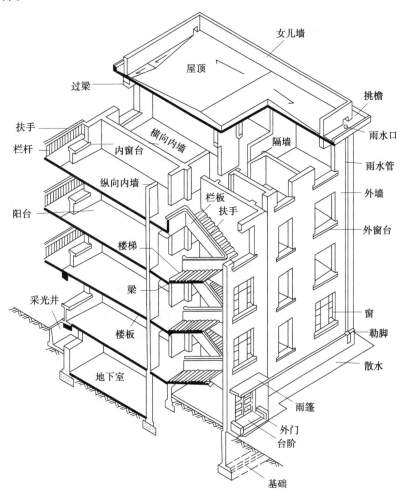

图 1-2-1　民用建筑组成示意图

1.基础

　　基础是墙或柱延伸到地下部分的承重构件，它要承受建筑物的全部荷载，并将荷载传给基础。基础要求具有足够的强度和稳定性，同时应能抵御地下土层中各种有害因素的作用。

2.墙（或柱）

　　墙在多数情况下也是垂直承重构件。按其所在位置不同，墙可分为外墙和内墙，分别起围护和分隔作用。墙的作用是将屋顶、楼层、楼梯等构件上的荷载包括自重传给基础。要求它具有足够的强度、稳定性以及保温、隔热、节能、隔声、防潮、防水、防火等功能及经济性和耐久性。

为扩大空间面积,提高空间的灵活性,常以柱代墙。柱是垂直承重构件,墙体只起分隔和围护作用,自重传给梁。

3.楼地层

楼地层可分为楼板层和地坪层。楼板层是建筑物水平承重构件,同时也是水平方向的分隔构件,楼层之间用楼板分隔上下空间。楼板层可提供一个支承人和家具设备荷载的活动平台,并将这些荷载和自重传递给墙或柱;同时,楼板层还起着墙或柱的水平支撑作用,以增加墙或柱的稳定性。

楼板层应具有足够的强度和刚度;根据上下空间的特点,还应具有隔声、防火、防潮、防水、保温、隔热等功能。

地坪层是指建筑物底层地坪。地坪层贴近土壤,应具有传力均匀及防潮、保温等性能要求。

4.楼梯和电梯

楼梯和电梯是建筑中的垂直交通设施(即楼层间的交通联系构件),供人们上下楼层、紧急疏散及运送物品之用。

楼梯和电梯应具有足够的强度和刚度、足够的通行宽度和疏散能力,并具有防火、防滑、耐磨等功能。

5.屋顶

屋顶是建筑物水平承重构件,是建筑物顶部的围护构件。作为承重构件,屋顶要承受风雪、人员活动的活荷载(上人屋面)和施工期间的各种荷载,将自重及屋面荷载传给墙或柱。作为围护结构,屋顶要抵抗风、雨、雪的侵袭和太阳辐射热的影响。屋顶应具有足够的强度和刚度,具有保温、隔热、防水、防潮、防火、耐久及节能等功能。

6.门窗

为了室内和室外、房间与房间之间既联系又分隔,墙上就要开门,门主要用来通行人流;为了室内采光、通风,又能遮风挡雨,需要在墙上开窗。门的大小、数量及开启方向,是根据便于使用的要求、通行能力及防火要求来确定的。外门窗均属于围护构件,根据其所处的位置,要求具有保温、隔声、防水、防风沙、防火、节能等功能。

7.其他

建筑物还有一些其他用途的附属部分,如阳台、雨篷、台阶、坡道、散水等,它们分别有各自的作用和设计要求,具体见后面模块的介绍。

 拓展与提高

(1)建筑构件:指基础、墙、柱、梁、楼板、屋架等承重构件。(必需构件)

(2)建筑配件:指屋面、楼面、地面、门窗、栏杆、花饰、细部装修等。(根据需要配置的构件)。

思考与练习

（一）单项选择题

1.建筑物最下面的部分是（　　）。
A.首层地面　　　　B.首层墙或柱　　　　C.基础　　　　D.地基

2.组成房屋的构件中,下列既属于承重构件又属于围护构件的是（　　）。
A.外墙、屋顶　　B.楼板、基础　　　　C.屋顶、基础　　D.门窗、外墙

3.组成房屋的承重构件有（　　）。
A.屋顶、门窗、墙（柱）、楼板　　　　　B.屋顶、楼板、墙（柱）、基础
C.屋顶、楼梯、门窗、基础　　　　　　D.屋顶、门窗、楼板、基础

（二）多项选择题

1.民用建筑的主要部分组成有（　　）。
A.基础　　　　B.墙、柱、楼地层　　C.散水、勒脚　　D.楼梯、屋顶　　E.门窗

2.组成房屋的承重构件有（　　）。
A.屋顶　　　　B.楼板　　　　C.墙　　　　D.柱　　　　E.基础

（三）判断题

1.基础是建筑物最下面的部分,是地下的非承重构件。　　　　　　　　（　　）
2.屋顶是建筑物顶部的围护构件和承重构件。　　　　　　　　　　　（　　）
3.楼梯是民用建筑中联系上下各层的水平交通设施,供人们平时上下和紧急疏散时使用。
　　　　　　　　　　　　　　　　　　　　　　　　　　　　　　（　　）
4.当用柱子作为建筑物的承重构件时,填充在柱间的墙仅起围护作用。　（　　）

任务三　了解建筑标准化与模数协调

 任务描述与分析

　　到目前为止,房屋建筑中大量的工作还是人工劳动,成本较高。如果房屋也能工业化大规模生产,那么其建造成本将有所下降。房屋建筑的工业化生产已经是建筑业发展的方向,要实现房屋建筑的工业化大规模生产,就必须推行建筑主体、建筑设备与建筑构配件的标准化和模数化。

　　本任务的具体要求:了解建筑模数的含义;理解建筑基本模数、扩大模数、分模数、模数数列的划分标准和依据;掌握模数数列的幅度及使用范围。

知识与技能

（一）建筑模数的有关规定

在设计中（设计标准化）遵守统一的模数制，有利于构件的标准化、通用性和互换性，有利于工业化生产，有利于构件的定位及相互间协调和连接。

1. 模数

模数是选定的尺寸单位，作为尺寸协调中的增值单位。

2. 基本模数

基本模数是模数协调中的基本尺寸单位，用 M 表示。《建筑模数协调标准》（GB/T 50002—2013）规定基本模数的数值为 100 mm，符号为 M，即 1M = 100 mm。建筑物和建筑部件的模数化尺寸，应是基本模数的倍数。

3. 导出模数

导出模数由基本模数导出，分为扩大模数和分模数。

（1）扩大模数：基本模数的整数倍数。

模数基数：2M，3M，6M，9M，12M，…

基数数值：200 mm，300 mm，600 mm，900 mm，1 200 mm，…

（2）分模数：基本模数的分数值。

模数基数：1/10M，1/5M，1/2M。

基数数值：10 mm，20 mm，50 mm。

4. 模数数列

模数数列是以基本模数、扩大模数、分模数为基础，扩展成的一系列尺寸。

模数数列应根据功能性和经济性原则确定。

建筑物的开间或柱距，进深或跨度，梁、板、隔墙和门窗洞口宽度等分部件的截面尺寸宜采用水平基本模数和水平扩大模数数列，且水平扩大模数数列宜采用 $2n\text{M}$，$3n\text{M}$（n 为自然数）。

建筑物的高度、层高和门窗洞口高度等宜采用竖向基本模数和竖向扩大模数数列，且竖向扩大模数数列宜采用 $n\text{M}$。

构造节点和分部件的接口尺寸等宜采用分模数数列，且分模数数列宜采用 1/10M，1/5M，1/2M。

5. 模数网格

模数网格可由正交、斜交或弧线的网格基准线（面）构成，连续基准线（面）之间的距离应符合模数（图 1-3-1），不同方向连续基准线（面）之间的距离可采用等距的模数数列（图 1-3-2）。

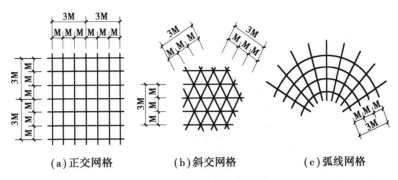

（a）正交网格   （b）斜交网格   （c）弧线网格

图 1-3-1 模数网格类型

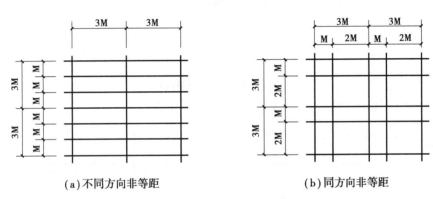

（a）不同方向非等距   （b）同方向非等距

图 1-3-2 模数数列非等距的模数网格

相邻网格基准面（线）之间的距离可采用基本模数、扩大模数或分模数，对应的模数网格分别称为基本模数网格、扩大模数网格和分模数网格（图 1-3-3）。

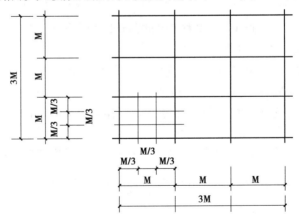

图 1-3-3 采用不同模数的模数网格

对于模数网格在三维坐标空间中构成的模数空间网格，其不同方向上的模数网格可采用不同的模数（图 1-3-4）。

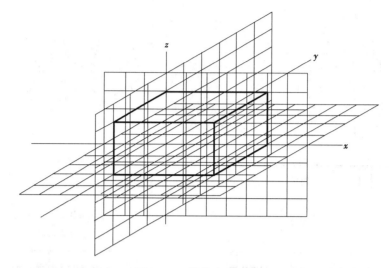

图 1-3-4　模数空间网格

模数网格可采用单线网格,也可采用双线网格(图 1-3-5)。

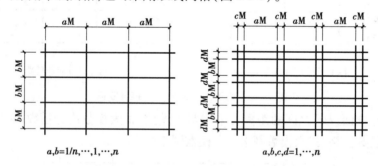

图 1-3-5　单线模数网格与双线模数网格

模数网格的选用应符合下列规定:

(1)结构网格宜采用扩大模数网格,且优先尺寸应为 $2n$M,$3n$M 模数系列。

(2)装修网格宜采用基本模数网格或分模数网格。隔墙、固定橱柜、设备、管井等部件宜采用基本模数网格;构造做法、接口、填充件等分部件宜采用分模数网格。分模数的优先尺寸应为 $1/2$M,$1/5$M。

6.模数协调

在基本模数或扩大模数基础上的尺寸协调,目的是减少构配件的类型,并使设计者在排列构件时有更大的灵活性。

构配件是构件与配件的统称,是由建筑材料制造成的独立部件,其三个方向有规定的尺寸。构件如柱、梁、楼板、墙板、屋面板、屋架等;配件如门、窗等。

(二)建筑标准化的有关规定

1.几种尺寸及相互关系(图 1-3-6)

(1)标志尺寸:用以标注建筑物定位轴线之间的距离(跨度、柱距、层高等)以及建筑制品、建筑构配件、组合件、有关设备位置界限之间的尺寸。

（2）构造尺寸：是生产、制造建筑构配件、建筑组合件、建筑制品等的设计尺寸，一般情况下，构造尺寸为标志尺寸减去缝隙或加上支承尺寸。

（3）实际尺寸：是建筑构配件、建筑组合件、建筑制品等生产制作后的实有尺寸，实际尺寸与构造尺寸之间的差数应符合建筑公差的规定。

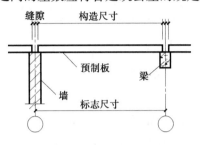

（a）构件标志尺寸大于构造尺寸　　（b）构件标志尺寸小于构造尺寸

图 1-3-6　几种尺寸及相互关系

2.定位轴线

定位轴线是用来确定建筑物主要结构构件位置及其标志尺寸的基准线，同时也是施工放线的基线。用于平面时称为平面定位轴线；用于竖向时称为竖向定位轴线。

1）平面定位轴线及标定

平面定位轴线应设横向定位轴线和纵向定位轴线。

横向定位轴线的编号用阿拉伯数字从左至右顺序编写；纵向定位轴线的编号用大写的拉丁字母（I，O，Z 除外）从下至上顺序编写，如图 1-3-7 所示。

定位轴线也可分区编号，注写形式为"分区号-该区轴线号"，如图 1-3-8 所示。

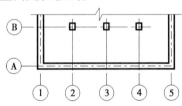

图 1-3-7　横向定位轴线与竖向定位轴线编号

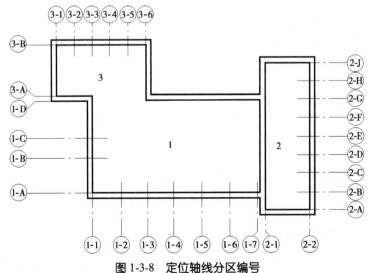

图 1-3-8　定位轴线分区编号

当平面为圆形或折线形时,轴线的编写按图 1-3-9 所示方法进行。

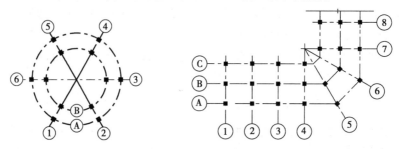

图 1-3-9　圆形和折线形定位轴线编号

2)混合结构建筑定位轴线及标定

混合结构建筑承重外墙顶层墙身内缘与定位轴线的距离应为 120 mm,承重内墙顶层墙身中心线应与定位轴线相重合,如图 1-3-10(a)、(b)所示。楼梯间墙的定位轴线与楼梯的梯段净宽、平台净宽有关,有三种标定方法:楼梯间墙内缘与定位轴线的距离为 120 mm,楼梯间墙外缘与定位轴线的距离为 120 mm,楼梯间墙的中心线与定位轴线相重合,如图 1-3-10(c)所示。

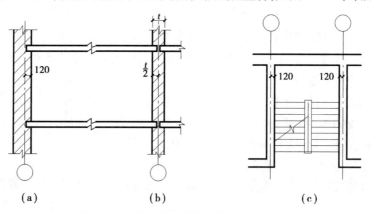

（a）　　　　　　　（b）　　　　　　　（c）

图 1-3-10　混合结构建筑定位轴线及标定

3)框架结构建筑定位轴线及标定

中柱定位轴线一般与顶层柱截面中心线相重合,边柱定位轴线一般与顶层柱截面中心线相重合或距柱外缘 250 mm 处,如图 1-3-11 所示。

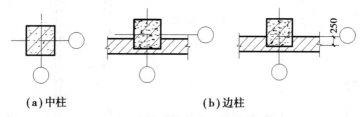

（a）中柱　　　　　　　　　（b）边柱

图 1-3-11　框架结构建筑定位轴线及标定

4)非承重墙定位轴线及标定

除了可按承重墙定位轴线的规定定位外,还可以使墙身内缘与平面定位轴线相重合。

5)标高及建筑构件的竖向定位

(1)标高的种类及关系:

● 绝对标高:又称绝对高程或海拔高度。

● 相对标高:根据工程需要而自行选定的基准面作为标高零点,建筑物各部分相对于基准面的标高为相对标高。

● 建筑标高:楼地层装修面层的标高。

● 结构标高:楼地层结构表面的标高。

(2)建筑构件的竖向定位:

● 楼地面的竖向定位:楼地面的竖向定位应与楼地面的上表面重合,即用建筑标高标注,如图 1-3-12 所示。

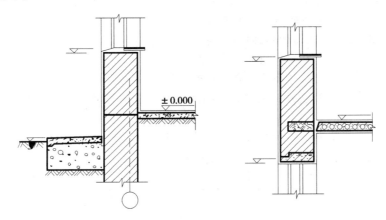

图 1-3-12　楼地面的竖向定位

● 屋面的竖向定位:屋面的竖向定位应为屋面结构层的上表面与距墙内缘 120 mm 处或与墙内缘重合处的外墙定位轴线的相交处,即用结构标高标注,如图 1-3-13(a)所示。

● 门窗洞口的竖向定位:门窗洞口的竖向定位应与洞口结构层表面重合,为结构标高,如图 1-3-13(b)所示。

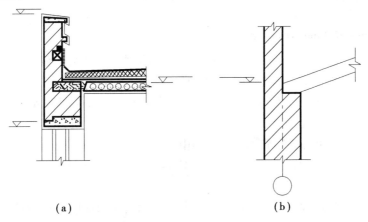

(a)　　　　　　　　　　　(b)

图 1-3-13　屋面及门窗洞口的竖向定位

拓展与提高

横向:建筑物的宽度方向。

纵向:建筑物的长度方向。

横向轴线:平行于建筑物宽度方向设置的轴线,用以确定横向墙体、柱、梁、基础的位置。

纵向轴线:平行于建筑物长度方向设置的轴线,用以确定纵向墙体、柱、梁、基础的位置。

层高:该层楼面(或地面)上表面到上一层楼面上表面的垂直距离。

净高:楼地面到结构层(梁、板)底面或顶棚下表面之间的距离。

开间:相邻两横向定位轴线之间的距离。

进深:相邻两纵向定位轴线之间的距离。

建筑高度:室外地坪至檐口顶部的总高度。

建筑朝向:建筑的最长立面及主要开口部位的朝向。

建筑面积:建筑物外包尺寸的乘积再乘以层数,由使用面积、交通面积和结构面积组成。

使用面积:主要使用房间和辅助使用房间的净面积。

交通面积:走道、楼梯间和门厅等交通设施的净面积。

结构面积:墙体、柱子等所占的面积。

 思考与练习

(一)单项选择题

1.模数 60M 的数值是( ),经常用于( )。

A.60 mm,构件截面或缝隙   B.600 mm,门窗洞口

C.6 000 mm,柱距或开间   D.60 000 mm,建筑总尺寸

2.符合模数数列规定的尺寸为( )。

A.构造尺寸   B.标志尺寸   C.实际尺寸   D.允许偏差值

3.下列( )组数字符合建筑模数统一制的要求。

Ⅰ.3 000 mm   Ⅱ.3 330 mm   Ⅲ.50 mm   Ⅳ.1 560 mm

A.Ⅰ,Ⅱ   B.Ⅰ,Ⅲ   C.Ⅱ,Ⅲ   D.Ⅰ,Ⅳ

4.民用建筑中的开间、进深等模数尺寸选用( )。

A.1/2M   B.1M   C.3M   D.5M

5.下列说法正确的是( )。

A.标志尺寸=构造尺寸   B.标志尺寸=构造尺寸+缝隙尺寸

C.实际尺寸=构造尺寸   D.实际尺寸=构造尺寸+误差

6.主要用于缝隙、构造节点的模数系列属于(　　)。

A.基本模数　　　　B.扩大模数　　　　　C.分模数　　　　　D.标准模数

(二)多项选择题

1.水平扩大模数的数列幅度为(　　)。

A.3M　　　　　B.12M　　　　　C.23M　　　　D.15M　　　E.60M

2.分模数主要用于(　　)。

A.缝隙　　　　B.构造节点　　　　C.开间　　　　D.层高　　　E.构配件断面

(三)判断题

1.标志尺寸应符合建筑模数的规定,用以标注建筑物定位轴线之间的距离。　　(　　)

2.地面竖向定位轴线应与楼地面面层上表面重合。　　(　　)

3.建筑物的模数系列中"3M"数列常用于确定民用建筑中开间、进深、门窗洞口的尺寸。

　　(　　)

4.标志尺寸等于构造尺寸加减允许偏差。　　(　　)

5.构造尺寸是指建筑构配件的设计尺寸,应符合模数要求。　　(　　)

考核与鉴定一

(一)单项选择题

1.建筑物与土壤接触的部分是(　　)。

A.首层地面　　　　B.首层墙或柱　　　　C.基础　　　　D.地基

2.我国建筑统一模数中规定的基本模数为(　　)。

A.10 mm　　　　B.100 mm　　　　C.200 mm　　　　D.600 mm

3.按建筑物主体结构的耐久年限,一级建筑物为(　　)。

A.25~50 年　　　B.40~80 年　　　C.50~100 年　　　D.100 年以上

4.多层住宅一般选用的结构形式为(　　)。

A.砖木结构　　　B.钢筋混凝土结构　　C.砖混结构　　　D.钢结构

5.二级耐火等级的多层建筑中,房间隔墙的耐火极限为(　　)。

A.1.0 h　　　　B.0.5 h　　　　C.0.25 h　　　　D.0.75 h

6.民用建筑中的开间、进深等模数尺寸选用(　　)。

A.1/5M　　　　B.1M　　　　C.3M　　　　D.8M

7.民用建筑按其用途分为(　　)。

A.居住建筑及公共建筑　　　　　B.居住建筑

C.大型性建筑　　　　　　　　　D.大量性建筑

8.主要用于缝隙、构造节点的模数系列属于(　　)。

A.基本模数　　　B.扩大模数　　　　C.分模数　　　　D.标准模数

9.高层建筑中常见的结构类型主要是(　　)。

A.砖混结构　　　B.框架结构　　　　C.木结构　　　　D.砌体结构

(二)多项选择题

1.建筑按层数分为( )建筑。

A.低层建筑　　　B.多层建筑　　　C.中高层建筑　　　D.高层建筑　　　E.超高层建筑

2.民用建筑按承重的材料分为( )。

A.砖木结构　　　B.砖混结构　　　C.钢筋混凝土结构　D.钢结构　　　E.框架结构

3.民用建筑是根据建筑物的( )来划分等级的。

A.耐火性能　　　B.燃烧性能　　　C.耐久年限　　　D.规模大小　　　E.耗资高低

4.屋顶应能防水、排水、保温(隔热),承重结构应具有足够的( )。

A.强度　　　　　B.稳定性　　　　C.延展性　　　　D.刚度　　　　E.经济性

5.下列建筑构件属于承重构件的是( )。

A.墙　　　　　　B.柱　　　　　　C.梁　　　　　　D.楼板　　　　E.屋架

(三)判断题

1.建筑物的二级耐久年限为100年以上。　　　　　　　　　　　　　　( )

2.开间是指一个独立的房间或一幢居住建筑从前墙皮到后墙皮之间的实际长度。( )

3.地面竖向定位轴线应与楼地面面层上表面重合。　　　　　　　　　　( )

4.层高是指该层楼面(或地面)上表面到上一层楼面上表面的垂直距离。　( )

5.标志尺寸等于构造尺寸加减允许偏差。　　　　　　　　　　　　　　( )

6.标志尺寸是指建筑构配件的设计尺寸,它符合模数。　　　　　　　　( )

7.16~29层的住宅建筑为三级工程。　　　　　　　　　　　　　　　( )

模块二 基 础

基础是建筑物地面以下的承重结构,是建筑物的墙或柱子在地下的扩大部分,其作用是承受建筑物上部结构传来的荷载,并把它们连同自重一起传给地基。基础是建筑物的重要组成部分,应坚固、稳定,能经受冰冻和地下水及其化学物质的侵蚀。

本模块主要有两个学习任务:了解基础的定义与分类;掌握常用基础的构造类型。

 ## 学习目标

(一)知识目标

1.了解基础的定义与分类;
2.掌握常用基础的构造类型。

(二)技能目标

1.会计算基础的埋置深度;
2.能依据工程环境选择合适的基础类型;
3.能掌握各种基础的构造。

(三)职业素养目标

1.养成安全防护、文明施工和文物保护意识;
2.培养精益求精的工作态度和严谨的工作作风。

任务一 了解基础的定义与分类

任务描述与分析

基础是建筑物的重要组成部分,它承受着建筑物的全部荷载。基础将荷载传给土体或岩体,这部分土体或者岩体就是地基。基础与地基之间有着一定的关系。基础埋在地面以下,它的埋置深度因受不同因素的影响而不同,它的稳定性直接影响整个建筑物的安全。

本任务的具体要求:了解基础与地基的关系;理解基础埋深的含义;掌握影响基础埋深的因素;掌握基础的分类。

知识与技能

(一)基础与地基的关系

1.基础与地基的概念及相互关系

基础:建筑物地面以下的承重构件。它承受建筑物上部结构传下来的荷载,并把这些荷载和自重一起传给地基。

地基:基础下面的土体或岩体。地基承受建筑物荷载产生的应力和应变是随着土层深度的增加而减小,在达到一定深度以后就可以忽略不计。

地基与基础的关系:基础是建筑物的组成部分,它承受建筑物的上部荷载,并将这些荷载传给地基;地基是基础以下的土层,它不是建筑物的组成部分。

为保证建筑物的安全,要求基础和地基必须具有足够的强度和稳定性。基础的强度和稳定性既取决于基础的材料、形状与底面积的大小以及施工质量等因素,又与地基的性质有着密切关系。地基的强度应满足承载力的要求,如果天然地基不能满足要求,应考虑采用人工地基;地基的变形应有均匀的压缩量,以保证有均匀的下沉,若地基下沉不均匀,建筑物上部会产生开裂变形。地基的稳定性要求其具有防止产生滑坡、倾斜的能力,必要时(特别是较大的高度差时)应加设挡土墙,以防止滑坡变形。

2.基础的埋置深度及影响因素

基础的埋置深度:一般指室外设计地面至基础

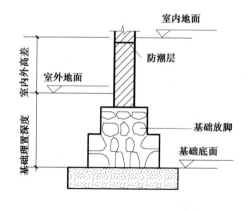

图 2-1-1 基础的埋置深度

底部的垂直高度,简称埋深(图2-1-1)。根据基础埋置深度的不同,可以分为深基础、浅基础和不埋基础。

从经济和施工的角度考虑,在保证结构稳定和安全使用的前提下,应优先选用浅基础。

影响基础埋置深度的因素如下(图2-1-2):

(1)建筑物的用途及基础构造;

(2)作用在地基上的荷载大小和性质;

(3)工程地质和水文地质条件;

(4)地基土冻胀和融陷;

(5)相邻建筑基础埋深。

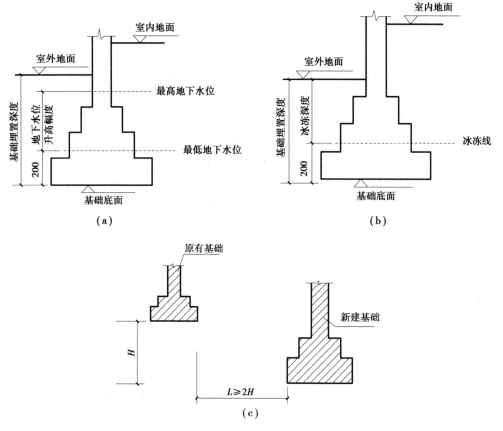

图 2-1-2　影响基础埋置深度的因素

(二)基础的分类

基础的类型较多,按基础材料不同,可分为砖基础、石基础、混凝土基础、毛石混凝土基础、钢筋混凝土基础。

按基础的受力特点及材料性能不同,可分为刚性基础、柔性基础。

按基础的构造形式不同,可分为独立基础、条(带)形基础、联合基础(包括柱下条形基础、柱下十字交叉基础、梁板式基础、箱形基础)、桩基础等。

按基础的埋置深度不同,可分为浅基础、深基础及不埋基础。埋深小于 5 m 的基础称为浅基础,埋深大于或等于 5 m 的基础称为深基础,在地表面上的基础称为不埋基础,但基础最小埋深不小于 0.5 m。

拓展与提高

刚性基础主要承受压应力,是受刚性角限制的基础,一般用抗压性能好,抗拉、抗剪性能较差的材料(如砖、混凝土、毛石、灰土、三合土等)建造。

刚性基础中传递压力是按一定角度分布的,这个传力角度称为压力分布角,常称为刚性角。刚性角用 α 表示,$\cot \alpha = h/b$(图 2-1-3)。

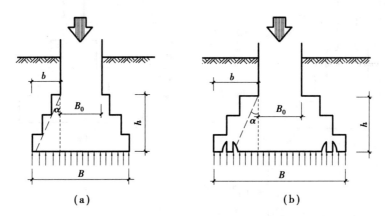

图 2-1-3 刚性角示意图

基础底面积增大受刚性角的限制。各种材料的刚性角不同,一般 h/b 值不同,砖为 1.5,毛石为 1.25~1.5,混凝土为 1.0~1.25,灰土为 1.25~1.5。

柔性基础使用抗拉、抗压、抗弯、抗剪均较好的钢筋混凝土材料(不受刚性角的限制),用于地基承载力较差、上部荷载较大、设有地下室且基础埋深较大的建筑。

柔性基础不能扩散应力,因此基底反作用力分布与作用于基础上的荷载分布完全一致。而刚性基础在中心荷载下,基础均匀下沉。刚性基础具有"架越作用"(刚性基础能跨越基底中部,将所承担的荷载相对集中地传至基底边缘的现象),而柔性基础没有。柔性基础抗弯刚度很小,可随地基变形而任意弯曲;而刚性基础的抗弯刚度极大,原是平面的基底,沉降后依然保持平面。刚性基础承载力相对较小,受压不受拉,而柔性基础承载力大且抗拉、抗压能力强。

思考与练习

(一)单项选择题

1.基础埋深一般不小于( )。

A.300 mm   B.200 mm   C.500 mm   D.400 mm

2.柔性基础与刚性基础受力的主要区别是( )。

A.柔性基础比刚性基础能承受更大的荷载

B.柔性基础只能承受压力,刚性基础既能承受拉力,又能承受压力

C.柔性基础既能承受压力,又能承受拉力,刚性基础只能承受压力

D.刚性基础比柔性基础能承受更大的拉力

3.刚性基础的受力特点是( )。

A.抗拉强度大、抗压强度小   B.抗拉、抗压强度均大

C.抗剪切强度大   D.抗压强度大、抗拉强度小

4.基础的"埋深"是指( )。

A.从室外设计地面到基础顶面的深度

B.从室外设计地面到基础底面的深度

C.从室内设计地面到基础顶面的深度

D.从室内设计地面到基础底面的深度

(二)多项选择题

1.影响基础埋置深度的因素有( )。

A.建筑物的基础构造   B.地基的土质情况

C.地下水位高低   D.冰冻线深度

E.相邻建筑设施的基础

2.根据基础埋置深度不同,可以把基础分为( )。

A.深基础   B.浅基础   C.较深基础

D.较浅基础   E.不埋基础

(三)判断题

1.位于建筑物下部支承建筑物重力的土壤层称为基础。   ( )

2.地基分为人工地基和天然地基两大类。   ( )

3.砖基础为满足刚性角的限制,其台阶的允许宽高之比应为1∶1.5。   ( )

4.钢筋混凝土基础不受刚性角限制。   ( )

5.混凝土基础是刚性基础。   ( )

任务二　掌握常用基础的类型及构造

任务描述与分析

不同结构类型的房屋在不同自然地质条件下,所选择的基础类型也不同。

本任务的具体要求:掌握条形基础、独立基础、板式基础、箱形基础、桩基础的构造。

知识与技能

(一)条形基础

砌体结构的房屋其承重墙下的基础常采用连续的长条形基础,称为条形基础。这种基础主要适用于墙承重的建筑,空间刚度较好,可缓解局部不均匀下沉。

条形基础由垫层、大放脚、基础墙三部分组成。下面分别介绍各种材料或不同位置的条形基础。

1.砖基础

用于砌筑基础的砖的强度等级应在 MU7.5 以上,砂浆强度等级一般不应低于 M5。基础墙的下部应做成阶梯形,这种逐级放大的台阶形式,习惯上称为大放脚,其具体砌法有等高式和间隔式两种。等高式是每两皮砖放出 1/4 砖,如图 2-2-1 所示;间隔式是每两皮砖放出 1/4 砖与每一皮砖放出 1/4 砖相间隔,如图 2-2-2 所示。

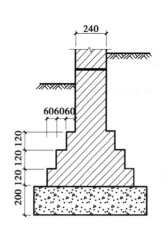
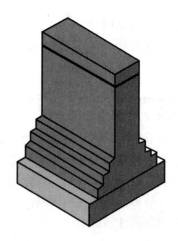

图 2-2-1　等高式砖基础

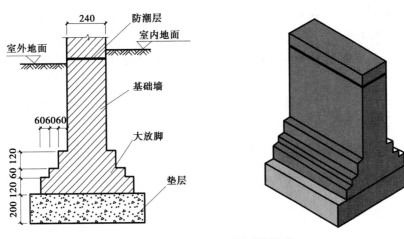

图 2-2-2 间隔式砖基础

2.混凝土基础和钢筋混凝土基础

混凝土基础也称为素混凝土基础,具有整体性好、强度高、耐水等优点,一般有阶梯形和锥形两种,如图 2-2-3(a)所示。混凝土基础底面应设置垫层,厚度一般为 100 mm,混凝土强度等级为 C15,垫层两边一般应伸出底板各 100 mm。垫层的作用是找平和保护钢筋,同时也可以作为绑扎钢筋的工作面。

钢筋混凝土基础是指基础由钢筋混凝土建造,与混凝土基础一样需先做垫层,如图 2-2-3(b)所示。钢筋混凝土基础的底板是基础主要受力构件,厚度和配筋均由计算确定。受力筋直径不得小于 8 mm,间距不大于 200 mm,混凝土强度等级不宜低于 C15。

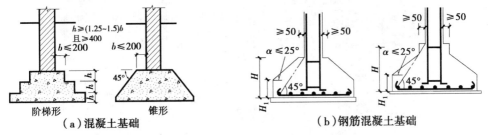

(a)混凝土基础　　　　　(b)钢筋混凝土基础

图 2-2-3 混凝土基础和钢筋混凝土基础

3.墙下条形基础

墙下条形基础是扩展基础,作用是把墙或柱的荷载侧向扩展到土中,使之满足地基承载力和变形的要求。墙下条形基础一般用于多层混合结构的墙下,低层或小型建筑常用砖、混凝土等刚性条形基础。如上部为钢筋混凝土墙或地基较差、荷载较大时,可采用钢筋混凝土条形基础(图 2-2-4)。

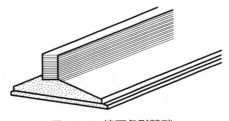

图 2-2-4 墙下条形基础

4.柱下条形基础

当地基较为软弱、柱荷载或地基压缩性分布不均匀,以至于采用扩展基础可能产生较大的不均匀沉降时,常将同一方向(或同一轴线)上若干柱子的基础连成一体而形成柱下条形基础。这种基础的抗弯刚度较大,因而具有调整不均匀沉降的能力,并能将所承受的集中柱荷载较均匀地分布到整个基底面积上。柱下条形基础是常用于软弱地基上框架或排架结构的一种基础形式。

因为上部结构为框架结构或排架结构,荷载较大或荷载分布不均匀,地基承载力偏低,为增加基底面积或增强整体刚度,以减少柱子之间产生不均匀沉降,常将柱下钢筋混凝土条形基础沿纵横两个方向用基础梁相互连接成一体形成井格基础,故又称为十字带形基础(图2-2-5)。

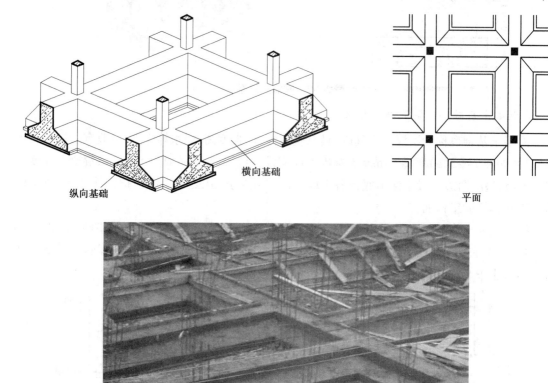

纵向基础　　横向基础　　平面

图 2-2-5　十字带形基础

(二)独立基础

独立基础是独立的块状形式,常用的断面形式有踏步形、锥形、杯形,适用于多层框架结构或厂房排架柱下基础。当地基承载力不低于 80 kPa 时,其材料通常采用钢筋混凝土、素混凝土等(图2-2-6)。当柱为预制时,则将基础做成杯口形,然后将柱子插入并嵌固在杯口内,故称为杯口基础。

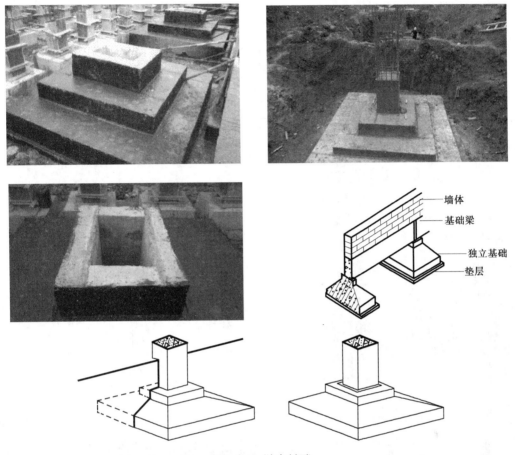

图 2-2-6 独立基础

（三）桩基础

当浅层地基不能满足建筑物承载力和变形的要求,而又不适宜采取地基处理措施时,就要考虑以坚实土层或岩层作为持力层的深基础。桩基础一般由设置于土中的桩身和承接上部结构的承台组成。

按荷载传递方式不同,桩基础可分为摩擦桩和端承桩(图 2-2-7)。当软弱土层很厚,坚硬土层离基础底面很远,借土的挤实,利用土与桩的摩擦力来支承建筑荷载的桩称为摩擦桩;将桩尖直接支承在岩石或硬土层上,用桩身支承建筑物荷载的桩称为端承桩,这类桩适用于坚硬土层较浅、荷载较大的工程。

（四）板式基础

由整片钢筋混凝土板组成,板直接作用于地基上的基础称为板式基础。板式基础的整体性好,可以跨越基础下的局部软弱土。板式基础常用于地基软弱的多层砌体结构、框架结构、剪力墙结构,以及上部荷载较大且不均匀或地基承载力低的情况,按其结构布置不同分为梁板式（ 也称为满堂基础 ）和无梁式(图 2-2-8)。

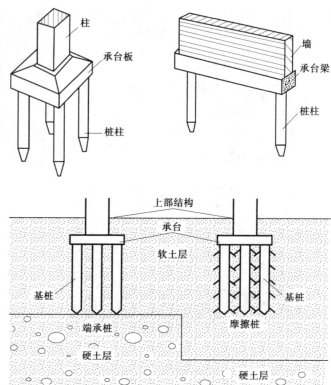

图 2-2-7　桩基础

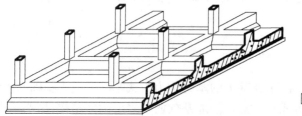

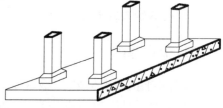

图 2-2-8　板式基础

(五)箱形基础

箱形基础(图 2-2-9)是由钢筋混凝土底板、顶板、侧墙及一定数量的内隔墙构成的封闭箱体。这种基础整体性和刚度都好,调整不均匀沉降的能力较强,可消除因地基变形使建筑物开裂的可能性,减少基底处原有地基自重应力,降低总沉降量,还可利用基础的空间作地下室。它适用于软弱地基上荷载较大或上部结构分布不均的高层建筑以及对沉降有严格要求的设备基础或特殊构筑物。

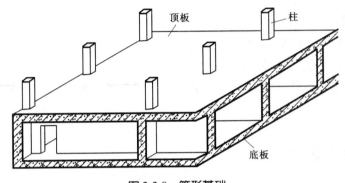

图 2-2-9　箱形基础

 拓展与提高

无筋扩展基础

　　无筋扩展基础是指用砖、石、混凝土、灰土、三合土等材料组成,不需配置钢筋的墙下条形基础或柱下独立基础。这种基础的特点是抗压性能好,整体性、抗拉、抗弯、抗剪性能差。它适用于地基坚实、均匀、上部荷载较小,6 层和 6 层以下(三合土基础不宜超过 4 层)的一般民用建筑和墙承重的轻型厂房。

 思考与练习

(一)单项选择题

1.砖基础大放脚采用等高式砌筑法时,一般为每 2 皮砖挑出(　　　)。

A.120 mm　　　　　B.60 mm　　　　　C.180 mm　　　　　D.240 mm

2.钢筋混凝土基础中钢筋直径不宜小于 8 mm,混凝土的强度等级不宜低于(　　　)。

A.C7.5　　　　　B.C20　　　　　C.C15　　　　　D.C25

3.砖混结构的承重墙常采用(　　　)。

A.条形基础　　　B.独立基础　　　C.片筏基础　　　D.箱形基础

4.框架结构的基础常采用(　　　)。

A.条形基础　　　　B.独立基础　　　　C.片筏基础　　　　D.箱形基础

(二)多项选择题

1.按荷载传递方式不同,桩基础可以分为(　　　)。

A.预制桩　　　　B.灌注桩　　　　C.摩擦桩　　　　D.端承桩　　　　E.混凝土桩

2.常用基础的构造类型有(　　　)。

A.独立基础　　　　B.条形基础　　　　C.板式基础　　　　D.箱形基础　　　　E.桩基础

(三)判断题

1.混凝土基础底面应设垫层,厚度一般为100 mm。　　　　　　　　　　　　(　　　)

2.砖基础砌筑方法包括等高式和间隔式两种。　　　　　　　　　　　　　　(　　　)

3.钢筋混凝土基础不受刚性角限制,其截面高度向外逐渐减少,但最薄处的厚度不应小于300 mm。　　　　　　　　　　　　　　　　　　　　　　　　　　　　(　　　)

考核与鉴定二

(一)单项选择题

1.当浅基础不能满足建筑物承载力和变形要求时,宜采用(　　　)。

A.独立基础　　　　B.桩基础　　　　C.井格式基础　　　　D.板式基础

2.基础埋置深度不超过(　　　)时,称为浅基础。

A.500 mm　　　　B.5 m　　　　C.6 m　　　　D.5.5 m

3.等高式砖基础大放脚台阶的宽高比为(　　　)。

A.1∶5　　　　B.1∶2　　　　C.1∶1　　　　D.1∶3

4.砖基础等高式砌筑,每台退台宽度为(　　　)。

A.180 mm　　　　B.60 mm　　　　C.120 mm　　　　D.200 mm

5.室内首层地面标高为±0.000 m,基础底面标高为-1.500 m,室外地坪标高为-0.600 m,则基础埋置深度为(　　　)。

A.1.5 m　　　　B.2.1 m　　　　C.0.9 m　　　　D.1.2 m

6.下列属于柔性基础的是(　　　)。

A.砖基础　　　　B.毛石基础　　　　C.混凝土基础　　　　D.钢筋混凝土基础

7.直接在上面建造房屋的土层称为(　　　)。

A.原土地基　　　　B.天然地基　　　　C.人造地基　　　　D.人工地基

8.砌筑砖基础的砂浆强度等级应不小于(　　　)。

A.M5　　　　B.M7.5　　　　C.M10　　　　D.M15

9.柔性基础的受力特点是(　　　)。

A.抗拉强度大,抗剪、抗压强度高　　　　B.抗拉强度低,抗压、抗剪强度高

C.抗压强度高,抗拉、抗剪强度低　　　　D.抗压强度低,抗拉、抗剪强度高

10.受刚性角限制的基础称为(　　　)。

A.刚性基础　　　　B.柔性基础　　　　C.桩基础　　　　　D.条形基础

(二) 多项选择题

1.影响基础埋置深度的因素有(　　)。

A.建筑物的地下部分构造　　　　　B.地基的土质情况

C.地下水位高低　　　　　　　　　D.人工开挖方法

E.相邻建筑设施的基础

2.按受力特点和材料性能不同,基础可分为(　　)。

A.刚性基础　　　　B.砖基础　　　　C.独立基础　　　　D.柔性基础

E.钢筋混凝土基础

3.砖基础大放脚有(　　)两种。

A.等高式　　　　　B.间隔式　　　　C.全顺式　　　　　D.一顺一丁式

E.三顺一丁式

4.基础按构造形式划分为(　　)。

A.条形基础　　　　B.独立基础　　　　C.板式基础　　　　D.箱形基础

E.桩基础

(三) 判断题

1.从室外自然地坪到基底的高度为基础的埋置深度。　　　　　　　　(　)

2.刚性基础受刚性角的限制,所以基础底面积越大,所需基础的高度越高。　(　)

3.混凝土基础为柔性基础,可不受刚性角的限制。　　　　　　　　　(　)

4.间隔式砖基础最低一台必须是两皮砖。　　　　　　　　　　　　　(　)

模块三　地下室

在房屋±0.000 m以下建造地下室,其优势是能够在有限的占地面积内增加使用空间,提高建筑用地的使用率,提高工程项目的经济价值。本模块主要有两个学习任务:了解地下室的分类与组成;掌握地下室的防潮与防水构造。

 ## 学习目标

(一)知识目标

1.了解地下室的分类与组成;
2.掌握地下室的防潮与防水构造做法。

(二)技能目标

1.能识读地下室防潮与防水示意图;
3.能依据工程环境选择合理的防潮和防水方案。

(三)职业素养目标

1.养成安全施工意识;
2.养成环境与文物保护意识;
3.养成精益求精的工作态度。

任务一 了解地下室的分类与组成

 任务描述与分析

在建设工程中,地下室设计相当普遍,比如车库、人防工程等。地下室的设计不仅提高了土地利用率,增大了建筑物的使用空间,而且在紧急情况下,还能发挥安全避险功能。在当今地下空间技术迅速发展的情况下,掌握地下室的分类与组成,是我们深入学习地下空间技术的基础。

本任务的具体要求:了解地下室的组成;了解地下室的分类。

 知识与技能

(一)地下室的类型

地下室是位于地面以下的建筑使用空间。

地下室按使用功能不同可分为普通地下室和防空地下室;按构造形式不同可分为半地下室(地下室顶板底面标高高于室外地面标高)和全地下室(地下室顶板的底面标高低于室外地面标高);按结构材料不同可分为砖混结构地下室和钢筋混凝土结构地下室(图3-1-1)。

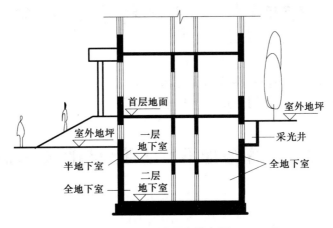

图3-1-1 地下室示意图

(二)地下室的组成

地下室由地下室墙、地下室底板、地下室顶板、地下室门窗、地下室楼梯、采光井等组成。

(1)地下室墙:地下室墙不仅要承受上部的垂直荷载,还要承受土、地下水及土壤冻胀时产生的侧压力。

（2）地下室底板：当地下水位高于地下室地面时，地下室底板不仅承受作用在它上面的垂直荷载，还承受地下水的浮力。

（3）地下室顶板：可用作首层地面的底板，承受上部荷载，顶板应当考虑覆土、防水等相关要求。

（4）地下室门窗：地下室的门窗与地上部分相同。

（5）地下室楼梯：与楼层楼梯功能类似。

（6）采光井：当地下室窗台低于室外地面时，为达到采光和通风的目的，应设采光井。

 思考与练习

（一）单项选择题

1.地下室按构造形式分为半地下室和（　　　）。

A.全地下室　　　B.封闭地下室　　　C.普通地下室　　　D.防空地下室

2.当地下室顶板的底面标高低于室外地面标高时，称为（　　　）。

A.全地下室　　　B.封闭地下室　　　C.普通地下室　　　D.防空地下室

（二）多项选择题

1.地下室按使用功能不同可分为（　　　）。

A.普通地下室　　　B.防空地下室　　　C.半地下室　　　D.全地下室

E.砖混结构地下室

2.地下室由（　　　）组成。

A.墙　　　B.顶板　　　C.门和窗　　　D.采光井

E.底板

（三）判断题

1.地下室顶板低于室外地面时称为半地下室。　　　　　　　　　　　　（　　　）

2.地下室墙体可随意凿打，用于安装管道、预埋件等。　　　　　　　　（　　　）

任务二　掌握地下室的防潮与防水构造

 任务描述与分析

因地下室整体或局部始终处于地面以下，会受到地下水的侵蚀，所以必须考虑地下室的防潮和防水问题。

本任务的具体要求：掌握地下室的防潮构造；掌握地下室的防水构造。

知识与技能

　　地下室由于经常受到下渗地表水、土壤中的潮气和地下水的侵蚀,如果忽视防潮、防水工作或防潮、防水处理不当,会导致内墙面生霉、抹灰脱落(图3-2-1),影响地下室的使用和建筑物的耐久性。因此,防潮、防水成为地下室设计中需要解决的一个重要问题。

图 3-2-1　地下室受潮导致抹灰脱落

(一) 地下室的防潮

　　当最高地下水位在地下室地坪标高以下时,地下水不会直接侵入室内,这时地下室底板和墙身可以只作防潮处理。其构造做法通常是在地下室外墙外侧抹水泥砂浆,然后涂冷底子油一道、热沥青两道,并在地下室顶板和底板处的侧墙内各设水平防潮层一道,以防止水分因毛细作用沿墙体上升(图3-2-2)。

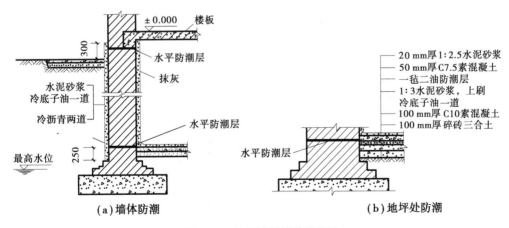

图 3-2-2　地下室防潮构造做法

（二）地下室的防水

当最高地下水位高于地下室地坪标高时,地下水不仅可以侵入地下室,而且地下室外墙和底板还分别受到地下水的侧压力和浮力。水压力大小与地下水高出地下室地坪高度有关,高差越大,压力越大,这时必须对地下室采取防水处理。常用的地下室防水方式有以下5种:

1.沥青卷材防水

卷材防水(图3-2-3)是以沥青胶为胶结材料的防水做法。根据卷材与墙体的位置关系,可分为内防水和外防水。

图 3-2-3　沥青卷材防水

卷材铺贴在地下室外墙外表面的做法称为外防水,又称外包防水(图3-2-4),这种防水方案防水效果好,但不便于维修。将防水卷材铺贴在地下室外墙内表面的做法称为内防水,又称内包防水(图3-2-5),这种防水方案对防水不太有利,但施工简便、易于维修,多用于修缮工程。

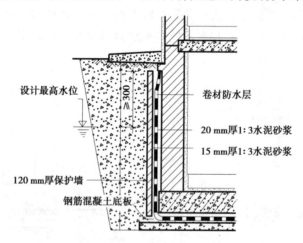

设计最高水位

≥300

卷材防水层

20 mm厚1:3水泥砂浆

15 mm厚1:3水泥砂浆

120 mm厚保护墙

钢筋混凝土底板

图 3-2-4　地下室外防水

2.合成高分子卷材防水

高分子合成材料的防水层比沥青卷材的拉伸强度高、拉断延伸率大,承受荷载冲击力强。

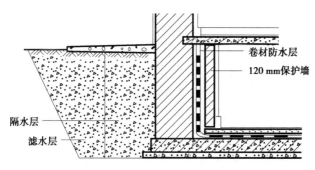

图 3-2-5　地下室内防水

3.防水混凝土防水

地下室墙采用混凝土或钢筋混凝土结构时,可连同底板采用防水混凝土,使承重、围护、防水功能三者合一。防水混凝土墙和底板不能过薄,一般外墙厚为 200 mm 以上,底板厚为 150 mm 以上,否则会影响抗渗效果。为防止地下水对混凝土的侵蚀,在墙外侧应抹水泥砂浆,然后刷沥青,如图 3-2-6 所示。

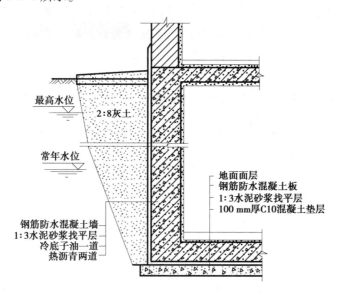

图 3-2-6　防水混凝土防水

4.涂料防水

涂料防水适用于受侵蚀性介质作用或受振动作用的地下室主体迎水面或背水面防水。涂料防水包括无机涂料防水和有机涂料防水。

5.防水板防水

防水板材有塑料防水板和金属防水板。塑料防水板适用于铺设在初期支护与二次衬砌之间;金属防水板适用于抗渗性能要求较高的地下工程。

拓展与提高

地下室防水等级

地下室防水分为 4 个等级,具体如下。

一级防水标准:不允许渗水,结构表面无湿渍。

适用范围:人员长期停留的场所;因有少量湿渍会使物品变质、失效的储物场所及严重影响设备正常运转和危及工程安全运营的部位;极重要的战备工程。

二级防水标准:不允许漏水,结构表面可有少量湿渍;工业与民用建筑,湿渍总面积不大于总防水面积的 1‰,单个湿渍面积不大于 $0.1 \ m^2$;其他地下工程,湿渍总面积不大于总防水面积的 2‰,任意 $100 \ m^2$ 防水面积不超过 3 处,单个湿渍面积不大于 $0.2 \ m^2$。

适用范围:人员经常活动的场所;在有少量湿渍的情况下不会使物品变质、失效的储物场所及基本不影响设备正常运转和工程安全运营的部位;重要的战备工程。

三级防水标准:有少量漏水点,不得有线流或漏泥沙;单个湿渍面积不大于 $0.3 \ m^2$,单个漏水点的漏水量不大于 $2.5 \ L/d$,任意 $100 \ m^2$ 防水面积不超过 7 处。

适用范围:人员临时活动的场所;一般战备工程。

四级防水标准:有漏水点,不得有线流和漏泥沙;整个工程平均漏水量不大于 $2 \ L/(m^2 \cdot d)$,任意 $100 \ m^2$ 防水面积的平均漏水量不大于 $4 \ L/(m^2 \cdot d)$。

适用范围:对渗漏水无严格要求的工程。

思考与练习

(一)单项选择题

1.砌筑地下室等处于潮湿环境下的砌体时,宜采用(　　)。

A.水泥砂浆　　　　　　B.混合砂浆　　　　　　C.石灰砂浆　　　　　　D.沥青混凝土

2.地下室防水等级可分为(　　)。

A.一级　　　　　　　　B.二级　　　　　　　　C.三级　　　　　　　　D.四级

3.地下室的墙采用混凝土或钢筋混凝土结构时,防水混凝土墙和底板均不宜太薄,一般外墙厚为(　　)以上,底板厚应在(　　)以上,否则会影响抗渗效果。

A.250 mm,200 mm　　B.200 mm,150 mm　　C.150 mm,100 mm　　D.100 mm,50 mm

(二)多项选择题

常用的地下室防水方式有(　　)。

A.沥青卷材防水　　　　　　　　B.防水混凝土防水　　　　　　　　C.涂料防水

D.防水板防水　　　　　　E.合成高分子卷材防水

（三）判断题

1.当最高地下水位低于地下室地面标高时,且地基范围内无形成滞水可能时,地下室的外墙和底板应作防水处理。　　　　　　　　　　　　　　　　　　　　　　　　　　（　　）

2.由于地下室外防水比内防水施工麻烦,因此内防水应用更广泛。　　　　　　　（　　）

3.为防止地下水对混凝土的侵蚀,在墙外侧应先刷沥青,然后抹水泥砂浆。　　　（　　）

4.沥青卷材内包防水施工简便,易于维修,多用于修缮工程。　　　　　　　　　（　　）

考核与鉴定三

（一）单项选择题

1.当设计最高地下水位（　　　）地下室地坪时,一般只作防潮处理。

A.高于　　　　　　　　B.高于 300 mm　　　　　　C.低于　　　　　　　　D.高于 100 mm

2.地下室的卷材外防水构造中,墙身处防水卷材须从底板包上来,并在最高水位（　　　）处收头。

A.以下 300 mm　　　　　　　　　　　　　　B.以上 300 mm

C.以下 500～1 000 mm　　　　　　　　　　D.以上 500～1 000 mm

3.地下室卷材防水构造可以分为内防水与（　　　）。

A.外防水　　　　　　B.卷材防水　　　　　　C.涂料防水　　　　　　D.混凝土防水

4.当最高地下水位低于地下室地坪时,应作（　　　）处理。

A.防水　　　　　　　　B.防雷　　　　　　　　C.防潮　　　　　　　　D.防水

（二）多项选择题

1.地下室防潮做法包括（　　　）。

A.在地下室地坪附近的墙身中设 1 道水平的防潮层

B.在室外散水以上 150～200 mm 处的墙身中设 1 道水平防潮层

C.在地下室外壁外侧（靠土壤一侧）设 1 道垂直防潮层

D.在地下室地坪的面层与结构层（垫层）之间设 1 道水平防潮层

2.地下室的类型,按材料不同可分为（　　　）。

A.普通地下室　　　　　B.防空地下室　　　　　C.半地下室

D.钢筋混凝土结构地下室　　　　　　　　E.砖混结构地下室

3.地下室底板所承受的力有（　　　）。

A.上部结构荷载　　　B.地下水浮力　　　C.土壤冻胀力　　　D.土壤侧压力

E.板底自重

4.地下室防水构造的做法有( )。

A.沥青卷材防水   B.混凝土防水   C.防水板防水   D.涂料防水

E.换土法

(三)判断题

1.地下防水等级为一级时,不允许渗水,结构表面无湿渍。   ( )

2.地下柔性防水构造可以分为内防水与卷材防水。   ( )

3.地下室顶板高于室外地面时称为全地下室。   ( )

4.地下室墙体不可随意凿打,用于安装管道、预埋件等。   ( )

5.地下室防潮包括水平防潮和垂直防潮两个部分。   ( )

模块四 墙 体

墙体是建筑物的一个重要组成部分,是组成建筑空间的竖向构件。墙体重量占建筑物总重量的 30%~45%,造价比重大。因而在工程设计中,合理地选择墙体材料、结构方案及构造做法十分重要。目前,各种新型墙体材料的推广和使用越来越受到重视,并有了很大发展。本模块主要有 5 个学习任务:了解墙体的分类;理解墙体的作用与要求;掌握砖墙的构造;掌握砌块墙的构造;掌握墙面的装饰装修。

学习目标

(一)知识目标

1.了解墙体的分类;
2.理解墙体的作用与要求;
3.掌握砖墙的构造;
4.掌握砌块墙的构造;
5.掌握墙体的装饰装修。

(二)技能目标

1.能说出不同类型的墙体的名称和作用,会区分砖墙的组砌方式,会选择合理的墙体承重方案;
2.能熟悉砖墙各部位的细部构造做法与抗震措施;
3.能依据工程环境选择合理的墙面装饰装修方案,并熟悉各种墙面装修的构造做法与特点。

(三)职业素养目标

1.培养使用新材料、新工艺、新技术的职业习惯;
2.养成节能环保意识与质量意识;

3.培养标准意识和规范意识；

4.培养团队合作与创新意识。

任务一 了解墙体的分类

 任务描述与分析

墙体是组成建筑空间的竖向构件,墙体的种类繁多,形式多样。

本任务的具体要求:了解墙体的分类;能正确识别教室、宿舍等墙体的类型。

 知识与技能

1.按墙体在房屋中所处位置分类

墙体按在房屋中所处位置不同,可分为外墙和内墙。沿建筑物四周布置的墙称为外墙,主要起围护作用;位于建筑物内部的墙称为内墙,主要起分隔作用。窗与窗、窗与门之间的墙称为窗间墙,窗台下面的墙称为窗下墙,屋顶四周的矮墙称为女儿墙,如图4-1-1所示。

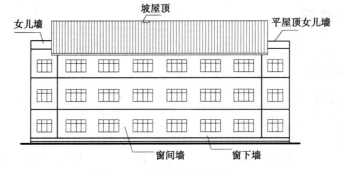

图4-1-1 墙体按位置分类

2.按墙体在房屋中所处方向分类

墙体按在房屋中所处方向不同,可分为横墙和纵墙。沿建筑物横轴线方向布置的墙称为横墙,外横墙称为山墙。沿建筑物纵轴线方向布置的墙称为纵墙,外纵墙也称为檐墙,如图4-1-2所示。

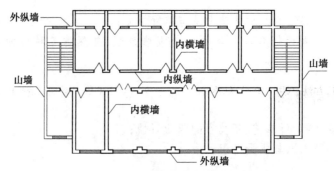

图4-1-2 墙体按方向分类

3.按墙体受力情况分类

墙体按受力情况,可分为承重墙和非承重墙(图 4-1-3)。非承重墙又可分为自承重墙、隔墙、填充墙等。

(1)自承重墙:不承受外来荷载,仅承受自身重量,并将其传至基础的墙。

(2)隔墙:仅起分隔作用,不承受外来荷载,并把自身重量传给梁或楼板的墙。

(3)填充墙:在框架结构中,仅起分隔或围护作用的墙。

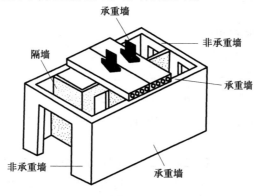

图 4-1-3 墙体按受力情况分类

4.按墙体构造方式分类

墙体按构造方式不同,可分为实体墙、空体墙和复合墙,如图 4-1-4 所示。

(1)实体墙:材料和砌筑方式为实心无孔洞的墙体,如砖墙、混凝土墙、石墙等。

(2)空体墙:由实心砖砌筑而成的空斗墙,或由多孔砖砌筑或混凝土浇筑而成的空腔墙体。

(3)复合墙:由两种或两种以上的材料组合而成的墙体。由于建筑节能的需要,很多单一材料墙体本身导热系数较大,不能满足保温隔热的要求,因此将墙体材料与高效保温材料进行复合,组成复合墙,如图 4-1-4 所示。

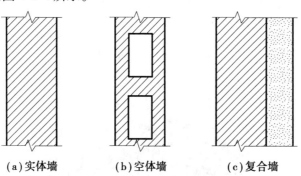

（a）实体墙   （b）空体墙   （c）复合墙

图 4-1-4 墙体按构造方式分类

5.按墙体施工方法分类

墙体按施工方法不同,可分为叠砌式墙、现浇整体式墙、预制装配式墙。

(1)叠砌式墙:用砂浆等胶结材料将砖、砌块等组砌而成的墙,如砖墙、砌块墙。

(2)现浇整体式墙:在现场支模板现浇而成的墙体,如滑模、大模板等钢筋混凝土墙。

（3）预制装配式墙：构件在预制厂制作，在施工现场进行拼装的墙。这种墙体机械化程度高、施工速度快。

6.按墙体材料分类

墙体按材料不同，可分为砖墙、砌块墙、混凝土墙、玻璃幕墙、石墙、复合墙等。

 拓展与提高

长沙57层高楼是一天3层建起来的

湖南远大科技集团旗下的远大可建公司以一天3层的速度，在长沙建起一栋57层的高楼。这栋名为"小天城"的高楼（图4-1-5）于2015年2月17日封顶，楼高205 m，建筑面积18万 m²，包括3.6 km的步行街、19个10 m高的大厅，可容纳4 000人的工作场所，以及800户住宅。

大楼如何实现一天建3层的速度，这和项目的建筑材料和建造方式有关。大楼主要采用预制装配式可建技术，95%的工程量在远大工厂内完成，大楼外墙采用多种特有技术，比常规建筑节能80%，比传统的钢筋混凝土建设技术要快很多。建筑主体为模块化钢结构，虽然建设过程好似"搭积木"，但在安全性上是没有问题的。该建造技术主要运用在超高层建筑上。

图4-1-5　采用模块建造技术建造的57层高楼全景图

思考与练习

（一）单项选择题

1.墙体按受力情况不同,分为(   )。

　A.承重墙与非承重墙　　B.纵墙和横墙　　C.山墙和纵墙　　D.内墙和外墙

2.墙体按其在房屋中所处位置不同,分为(   )两种。

　A.承重与非承重墙　　　B.纵墙和横墙　　C.山墙和纵墙　　D.内墙和外墙

3.由于建筑节能的需要,很多单一材料墙体本身导热系数较大,不能满足保温隔热的要求,因此做成(   )。

　A.空心墙　　　　　　　B.复合墙　　　　C.砖墙　　　　　D.实体墙

（二）多项选择题

1.墙体的分类依据主要有(   )。

　A.受力情况　　　　　　B.位置　　　　　C.材料　　　　　D.施工方法

　E.构造方式

2.按构造方式不同,墙体可分为(   )。

　A.空体墙　　　　　　　B.复合墙　　　　C.砖墙　　　　　D.实体墙

　E.砌块墙

（三）判断题

1.叠砌式墙是用砂浆等胶结材料将砖、砌块等组砌而成的墙体。　　　　　　　（   ）

2.普通砖砌筑而成的墙体是实体墙。　　　　　　　　　　　　　　　　　　　（   ）

任务二　理解墙体的作用和要求

 任务描述与分析

墙体起承重、围护、分隔等作用,同时要求墙体具有足够的强度、稳定性,能隔热、隔声、防火、防潮等。

本任务的具体要求:掌握墙体的作用;掌握墙体的承重方案;理解墙体的设计要求。

 知识与技能

（一）墙体的作用

墙体的作用主要是承重、围护和分隔。

1.承重作用

在承重墙结构中,墙体承担其顶部的楼板或屋顶传递的荷载、墙体自重、风荷载、地震荷载等,并将它们传给基础。

2.围护作用

墙体可以抵御自然界的风、雨、雪的侵袭,防止太阳辐射、噪声干扰及室内热量的散失,起保温、隔热、隔声、防水等作用。

3.分隔作用

墙体还将建筑物室内空间与室外空间分隔,并将建筑物内部划分为若干个房间或使用空间。

(二)墙体的承重方案

墙体的承重方案有横墙承重方案、纵墙承重方案、纵横墙混合承重方案、墙和部分框架承重方案4种,如图4-2-1所示。

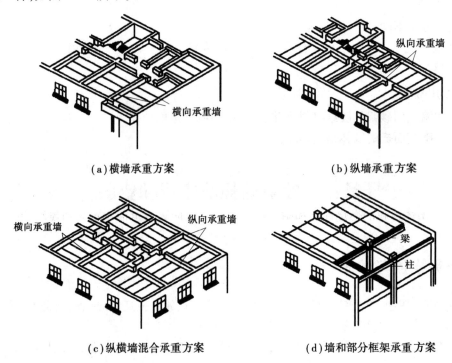

(a)横墙承重方案　　　　　　　　　　(b)纵墙承重方案

(c)纵横墙混合承重方案　　　　　　　(d)墙和部分框架承重方案

图4-2-1　墙体承重方式

1.横墙承重方案

横墙承重方案是楼板、屋面板两端搁置在横墙上,板及板上的荷载由横墙承受,纵墙只承受自重,主要起围护和分隔的作用。

横墙承重横墙较密,又承受荷载,因此横向刚度好、抵抗水平荷载的能力强、结构整体性好;纵墙可以开较大洞口,立面处理灵活。但因横墙较密又厚,不仅费材料,自重较大,且平面布置不灵活,一般多用于开间不大且重复排列的房间,如住宅、宿舍如图4-2-1(a)所示。

2.纵墙承重方案

纵墙承重有两种情况:一种是楼板或屋面板直接搁置在纵墙上,纵墙承受板传来的荷载;另一种是板搁置在横向的梁上,再由梁传给纵墙,纵墙承受梁传来的荷载。横墙只承受自重,主要起分隔和围护作用。

纵墙承重横墙间距不受限制,开间划分灵活,可布置较大的房间;板、梁的规格类型少,施工方便,便于工业化,节省墙体材料。但纵墙开洞受限制,横向刚度较差,板及梁的跨度较大,因而构件重量大,施工时需要大型起重运输设备。纵墙承重适用于横墙间距较大,或房间需要灵活布置的建筑中,如办公室、教室,如图4-2-1(b)所示。

3.纵横墙混合承重方案

既有横墙承重又有纵墙承重,称之为纵横墙混合承重。它平面布置灵活,各向刚度较好,但板的类型较多,铺设方向不一,施工麻烦。纵横墙混合承重适用于开间、进深变化较多的建筑,如医院、实验楼,如图4-2-1(c)所示。

4.墙和部分框架承重方案

当室内需要设置大房间时,常在房屋的内部设柱子,墙与柱子间架设梁,四周采用墙体承重,这种方式称为墙与部分框架承重,或称内框架承重。墙和部分框架承重适用于室内需要较大使用空间的建筑,如食堂、商店,如图4-2-1(d)所示。

(三)墙体的要求

墙体在不同的位置具有不同的功能,因此在墙体设计时应满足下列要求:

(1)强度和稳定性。墙体都应有足够的强度和稳定性,以保证建筑物的坚固耐久。

(2)防火。墙体材料的燃烧性能和耐火极限必须符合防火规范的规定。当建筑物的长度和面积较大时,还要按照防火规范的规定设置防火墙,把建筑物分成若干防火区段,以防火灾蔓延。

(3)隔声。墙体要满足隔声的要求,以免室外或相邻房间的噪声影响,从而获得安静的生活与工作环境。

(4)防水和防潮。选用高密度的墙体材料或附加防水防潮层,以提高建筑使用舒适度和延长建筑寿命。

(5)节能设计。墙体的热工性能应满足国家及地方现行居住建筑节能设计标准的要求。在气候条件合适的地区,可采用单一墙体满足建筑热工要求;当不能满足要求时,墙体应采取保温、隔热措施。

(6)建筑工业化要求。进行墙体改革,提高机械化施工程度,降低劳动强度,提高墙体的施工效率。研制轻质高强的墙体材料,以减轻自重,降低成本。

思考与练习

（一）单项选择题

1.横向刚度好、抵抗水平荷载的能力强、结构整体性好,纵墙可以开较大洞口的承重方案是( )。

A.横墙承重
B.纵墙承重
C.纵横墙混合承重
D.墙和部分框架承重

2.墙体的承重方案不包括( )。

A.横墙承重方案
B.纵墙承重方案
C.纵横墙混合承重方案
D.框架承重

（二）多项选择题

1.墙体的主要作用有( )。

A.承重
B.分隔
C.围护
D.强度

E.隔声

2.墙体的设计要求主要有( )。

A.隔声
B.防火
C.节能
D.强度

E.稳定性

（三）判断题

1.纵横墙混合承重方案适用于横墙间距较大,房间需要灵活布置的方案。 ( )

2.选用轻质高强的墙体材料,提高机械化施工程度,降低劳动强度是现行墙体改革的趋势。

( )

任务三 掌握砖墙的构造

任务描述与分析

砖墙在生产方面取材容易、制造简单,具有保温、隔热、隔声、防火等性能,施工操作简单,不需要大型设备,因此在中小型民用建筑中仍占优势。

本任务的具体要求:理解砖墙的分类;理解砖墙的组砌方式;掌握勒脚、墙身防潮层、过梁、窗台、变形缝及砖墙抗震的构造做法;理解散水、明沟、踢脚板、墙裙的构造做法;了解烟道、通风道、垃圾道的构造做法。

知识与技能

(一)砖墙分类及组砌方式

1.砖墙分类

砖墙按墙厚度可分为1/4砖墙、半砖墙、3/4砖墙、一砖墙、一砖半墙、二砖墙,其名称和尺寸见表4-3-1。

表4-3-1　砖墙的名称及尺寸表

标志尺寸/mm	墙厚名称	习惯称呼	构造尺寸/mm
60	1/4砖墙	6厚墙	53
120	半砖墙	12墙	115
180	3/4砖墙	18墙	178
240	一砖墙	24墙	240
370	一砖半墙	37墙	365
490	二砖墙	49墙	490

2.砖墙的组砌方式

1)实心砖墙

实心砖墙在砌筑时必须做到横平竖直、砂浆饱满、上下错缝、内外搭接,以保证砖墙的强度和稳定性。组砌时,把砖的长边垂直于墙面砌筑的砖称为丁砖,把砖的长边平行于墙面砌筑的砖称为顺砖,水平方向的灰缝称为横缝,竖直方向的灰缝称为竖缝,如图4-3-1所示。

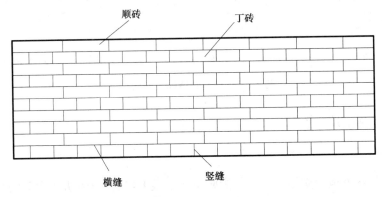

图4-3-1　实心砖墙

实心砖墙常用的组砌方式有一顺一丁、三顺一丁、十字(梅花丁)、二平一侧、全顺、全丁等,如图4-3-2所示。

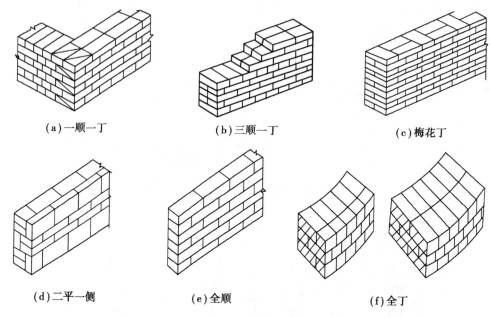

（a）一顺一丁　　　　　（b）三顺一丁　　　　　（c）梅花丁

（d）二平一侧　　　　　（e）全顺　　　　　（f）全丁

图 4-3-2　实心砖墙组砌方式

2）空斗砖墙

空斗砖墙是由普通砖经平砌和侧砌相结合砌筑的墙体。空斗墙的砌筑形式有一眠一斗、一眠三斗、无眠空斗等，如图 4-3-3 所示。

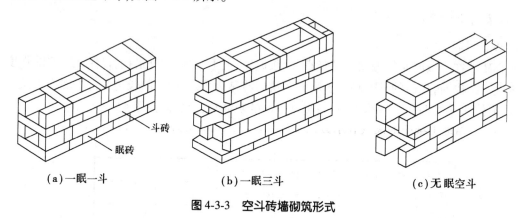

（a）一眠一斗　　　　　（b）一眠三斗　　　　　（c）无眠空斗

图 4-3-3　空斗砖墙砌筑形式

（二）砖墙的细部构造

1.勒脚

勒脚是外墙与室外地面交接的部位。为防止雨水溅上墙身，避免机械力等的影响，要求勒脚必须坚固耐久和防潮。

1）勒脚的主要作用

（1）保护墙身接近地面部位免受雨水侵蚀，以避免墙身潮湿和在冬季受冻导致破坏。

（2）加固墙身，防止外力对墙身的各种机械性损伤。

（3）美观,对建筑物的立面处理产生一定的效果。

2）勒脚的常用做法

勒脚的常用做法有以下几种,如图 4-3-4 所示。

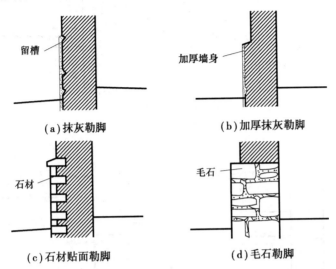

（a）抹灰勒脚　　　　（b）加厚抹灰勒脚

（c）石材贴面勒脚　　　　（d）毛石勒脚

图 4-3-4　勒脚的处理方法

（1）在勒脚部位抹 20~30 mm 厚 1:2（或 1:2.5）水泥砂浆,或做水刷石。

（2）勒脚部位墙身加厚 60~120 mm,再抹水泥砂浆或做水刷石。

（3）在勒脚部位镶贴天然石材等防水和耐久性好的材料。

（4）用天然石材砌筑勒脚。

2.墙身防潮层

1）防潮层的位置

在建筑物室内地面与室外地面之间（一般在室内地面以下 60 mm 处）的墙体上设水平方向的防潮层,以隔绝土壤中的潮气和水分因毛细管作用沿墙面上升,从而提高墙身的坚固性和耐久性,并保持室内干燥,如图 4-3-5（a）、（b）所示。

当内墙两侧地面有标高高差时,防潮层应分别设在两侧室内地面以下 60 mm 处,并在两防潮间墙靠土的一侧加设垂直防潮层,如图 4-3-5（c）所示。

2）防潮层的做法

（1）油毡防潮层:在防潮层部位先抹 20 mm 厚水泥砂浆找平层,再铺一毡二油,卷材的宽度应与墙厚一致或稍大些,卷材沿长度方向铺设,搭接长度不小于 100 mm,如图 4-3-6（a）所示。此种做法防水效果好,但有油毡隔离,削弱了砖墙的整体性,不应在刚度要求高或地震区采用。

（2）防水砂浆防潮层:采用 1:2 水泥砂浆加水泥用量 3%~5% 的防水剂,厚度为 20~25 mm 或用防水砂浆砌三皮砖作防潮层,如图 4-3-6（b）所示。此种做法构造简单,但砂浆开裂或不饱满时将影响防潮效果。

（3）细石混凝土防潮层:采用 60 mm 厚的细石混凝土带,内配 3ϕ6 或 3ϕ8 纵向钢筋,如图 4-3-6（c）所示。此种防潮层防潮性能好。

（4）若砖混结构中有地圈梁，一般用地圈梁替代防潮层，不需要另设防潮层。

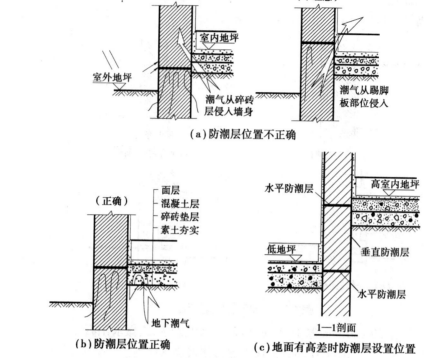

图 4-3-5　防潮层的设置位置

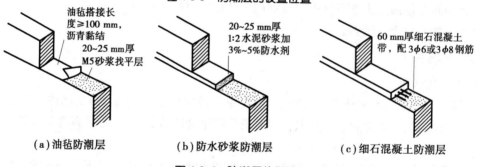

图 4-3-6　防潮层的做法

3.明沟与散水

房屋四周可采用散水或明沟排除雨水。当屋面为有组织排水时，一般设明沟或暗沟，也可设散水；屋面为无组织排水时，一般设散水，但应加滴水砖（石）带。

1）明沟

明沟又称排水沟，可用砖砌、石砌、混凝土现浇。明沟的宽度为 220～350 mm，沟底应做0.5%～1%纵坡，以确保排水流畅，构造做法如图 4-3-7 所示。

2）散水

散水的做法通常是在夯实土上浇混凝土、砌砖、砌块石、抹水泥砂浆等作面层，以利于排水。散水宽度 B 由设计确定，并在施工图中注明，一般为 0.6～1 m，应比屋檐的挑出宽度大150～200 mm，并应向外做 3%～5%的坡度，将雨水排走。散水的具体构造做法如图 4-3-8 所示。

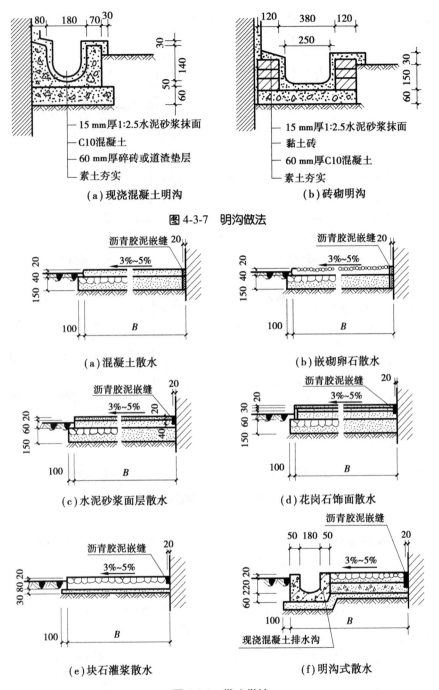

（a）现浇混凝土明沟

— 15 mm厚1:2.5水泥砂浆抹面
— C10混凝土
— 60 mm厚碎砖或道渣垫层
— 素土夯实

（b）砖砌明沟

— 15 mm厚1:2.5水泥砂浆抹面
— 黏土砖
— 60 mm厚C10混凝土
— 素土夯实

图 4-3-7　明沟做法

（a）混凝土散水

（b）嵌砌卵石散水

（c）水泥砂浆面层散水

（d）花岗石饰面散水

（e）块石灌浆散水

（f）明沟式散水

图 4-3-8　散水做法

4.踢脚板和墙裙

1）踢脚板

踢脚板又称踢脚线,它是楼地面和墙体相交处的构造处理。踢脚板的作用是保护墙面,防止清扫地面时污染墙身。踢脚板的高度为 120 mm,其做法一般与墙面、楼地面做法相匹配。

踢脚线的具体构造做法如图 4-3-9 所示。

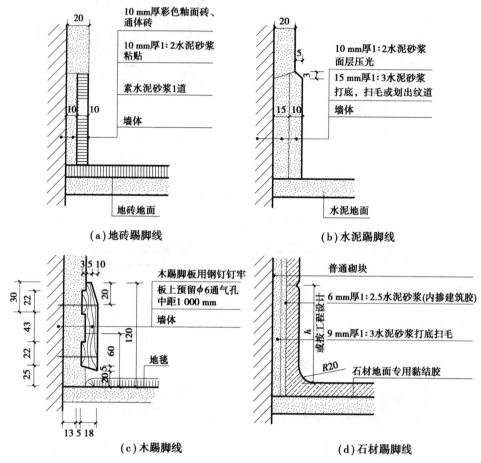

（a）地砖踢脚线

（b）水泥踢脚线

（c）木踢脚线

（d）石材踢脚线

图 4-3-9　踢脚线做法

2）墙裙

墙裙是踢脚板的延伸,高度可按单项工程设计调整,但以不超过 1 800 mm 为宜。其作用是防止墙身受污染和侵蚀。墙裙的具体构造做法如图 4-3-10 所示。

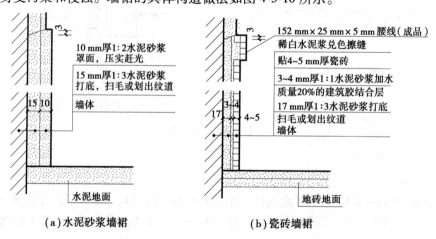

（a）水泥砂浆墙裙

（b）瓷砖墙裙

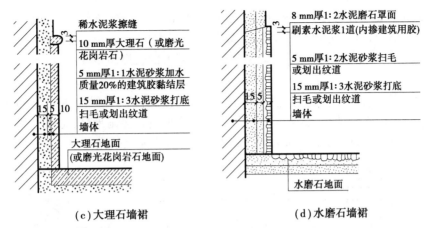

（c）大理石墙裙　　　　　　　（d）水磨石墙裙

图 4-3-10　墙裙做法

5.门窗过梁

墙体上开设门窗洞口时,洞口上的横梁称为过梁。过梁的作用是支持洞口上部的砌体及梁板传来的荷载,并将这些荷载传给两侧的墙体,保护门窗不被压坏。

1）钢筋砖过梁

钢筋砖过梁用砖不低于 MU7.5,砌筑砂浆不低于 M5。一般在洞口上方先支木模,砖平砌,下设 3~4 根 $\phi6$ 钢筋,要求钢筋伸入两端墙内不少于 250 mm,钢筋砖过梁净跨不应超过1.5 m,如图 4-3-11 所示。

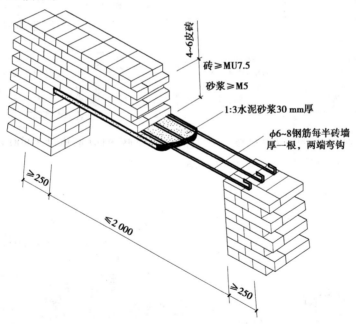

图 4-3-11　钢筋砖过梁

2）钢筋混凝土过梁

当门窗洞口跨度超过 1.5 m 或荷载较大,有可能产生不均匀沉降的建筑,应采用钢筋混凝土过梁。

钢筋混凝土过梁有现浇和预制两种,梁高及配筋由设计计算确定。为了施工方便,梁高应与砖的皮数相适应,以方便墙体连续砌筑,故常见梁高为 60 mm,120 mm,180 mm,240 mm,即 60 mm 的整倍数。梁宽一般同墙厚,梁两端支承在墙上的长度不少于 240 mm,以保证足够的承压面积。

过梁断面形式有矩形和 L 形。为简化构造,节约材料,可将过梁与圈梁、悬挑雨篷、窗楣板或遮阳板等结合起来设计,如图 4-3-12 所示。如在南方炎热多雨地区,常从过梁上挑出 300~500 mm 宽的窗楣板,既保护窗户不淋雨,又可遮挡部分直射太阳光。

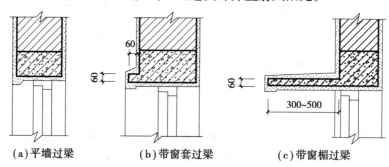

(a)平墙过梁 (b)带窗套过梁 (c)带窗楣过梁

图 4-3-12 钢筋混凝土过梁

6.窗台

窗洞的下部设窗台,以便把窗外侧的雨水和内侧的冷凝水排离墙面。设于室外的窗台称为外窗台,用于排除雨水,避免产生渗漏。室内有时也设置窗台,称为内窗台,其作用是使该处不易被破坏,便于清洁和放置物品,同时还起到装饰的作用。窗台的构造如图 4-3-13 所示。

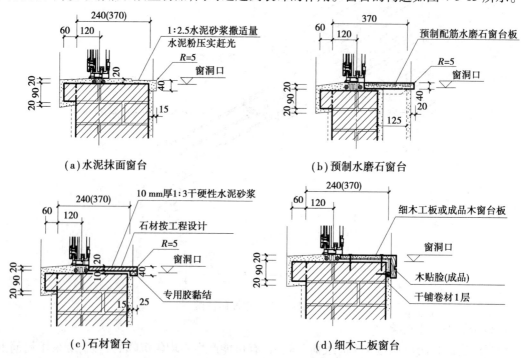

(a)水泥抹面窗台 (b)预制水磨石窗台

(c)石材窗台 (d)细木工板窗台

图 4-3-13 窗台

7.变形缝

墙体的变形缝包括伸缩缝、沉降缝、防震缝三种。

1）伸缩缝

伸缩缝又称温度缝,是指当建筑物长度或宽度较大时,为避免由于温差和砌体干缩引起墙体变形而设置的竖向裂缝。伸缩缝应沿建筑物竖向将基础以上部分全部断开,宽度一般为20～40 mm,以保证缝两侧的建筑构件能在水平方向自由伸缩。

2）沉降缝

当建筑物地基承载力差别较大或建筑物相邻部分高度、荷载、结构类型有较大差别时,为了减少地基不均匀沉降对建筑物造成的危害,在建筑物适当部位设置的垂直缝隙,称为沉降缝。沉降缝应从基础底面到屋面全部断开,使相邻两侧的建筑物自由沉降互不影响。

沉降缝可作伸缩缝使用。沉降缝的缝宽与地基情况和建筑物高度有关,地基越软弱,建筑物越高大,宽度也就越大,一般为30～70 mm。

3）防震缝

防震缝是为了防止建筑物的各部分在地震时相互撞击造成变形和破坏而设置的垂直缝。防震缝应将建筑物分成若干体形简单、结构刚度均匀的独立单元。

（1）防震缝设置的位置。建筑平面复杂,有较长的突出部分,应用防震缝将其分为简单规整的独立单元。防震缝的设置位置:建筑物（砌体结构）立面高差超过 6 m,在高差变化处须设置;建筑物毗连部分结构的刚度、质量相差悬殊处须设置;建筑物有错层且楼板高差较大时,在高度变化处须设置。

（2）防震缝宽度。根据《建筑抗震设计规范》（GB 50011—2010,2016 年版）的规定,防震缝宽度应符合下列最低要求:

①框架结构（包括设置少量抗震墙的框架结构）房屋的防震缝宽度,当高度不超过 15 m时不应小于 100 mm;高度超过 15m 时,6 度、7 度、8 度和 9 度分别每增加高度 5 m、4 m、3 m 和2 m,宜宽 20 mm。

②框架-抗震墙结构房屋的防震缝宽度不应小于上条规定数值的 70%,抗震墙结构房屋的防震缝宽度不应小于上条规定数值的 50%,且均不宜小于 100 mm。

③防震缝两侧结构类型不同时,宜按需要较宽防震缝的结构类型和较低房屋高度确定缝宽。

变形缝的构造处理如图 4-3-14 所示。

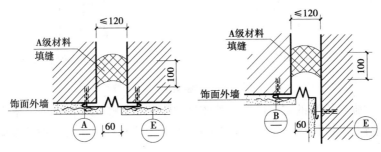

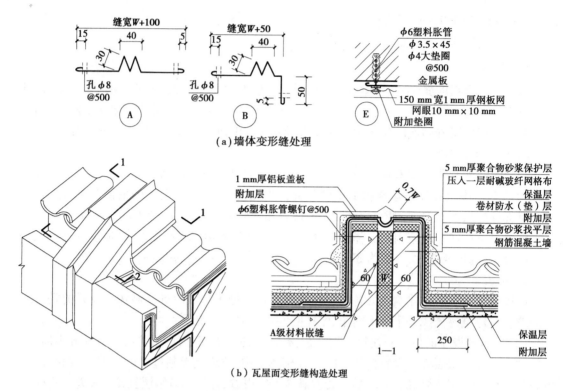

（a）墙体变形缝处理

（b）瓦屋面变形缝构造处理

图 4-3-14　变形缝的构造处理

（三）砖墙抗震构造

1.圈梁

圈梁是沿外墙四周及内墙（或部分内墙）在同一水平面上设置的连续闭合的梁。当圈梁被门窗洞口切断而不能连续时,应在洞上部设附加圈梁搭接补强,如图 4-3-15（a）所示。

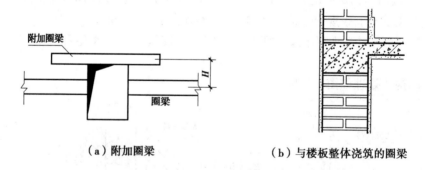

（a）附加圈梁　　　　　　（b）与楼板整体浇筑的圈梁

图 4-3-15　圈梁

圈梁的作用是增强建筑物的空间刚度及整体性,提高建筑物抗风、抗震、抗温度变化的能力,增加墙体的稳定性,减少由于地基不均匀沉降而引起的墙身开裂。较常用的圈梁是钢筋混凝土圈梁。

钢筋混凝土圈梁的高度不小于 120 mm,宽度与墙厚相同,圈梁内纵向钢筋不应少于4ϕ8,

箍筋间距不大于 300 mm,且纵向钢筋对称布置。当楼板或屋面板采用现浇钢筋混凝土时,圈梁可同板整体浇筑在一起,构造做法如图 4-3-15(b)所示。

2.构造柱

构造柱是设在墙体内的钢筋混凝土现浇柱。其主要作用是与圈梁共同形成空间骨架,增加房屋的整体刚度,提高墙体抗震和抗变形能力,是防止房屋倒塌的一种有效措施。构造柱必须与圈梁及墙体紧密相连。一般设置在外墙转角、内外墙交接处、楼梯间、电梯间的四周,以及部分较长墙体的中部。

构造柱的构造要求如下:

(1)构造柱最小截面为 180 mm×240 mm,最小配筋为主筋 4φ12,箍筋 φ6@250,房屋四角的构造柱可适当加大截面及配筋,如图 4-3-16 所示。

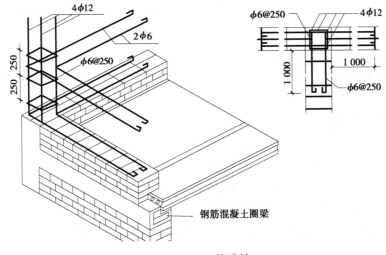

图 4-3-16　构造柱

(2)构造柱与墙连接处宜砌成马牙槎,并应沿墙高每 500 mm 设 2φ6 拉结筋,每边伸入墙内不少于 1 m。

(3)构造柱可不单独设基础,但应伸入室外地坪以下 500 mm,或锚入浅于 500 mm 的基础梁内。

 拓展与提高

烟道、通风道、垃圾道

1.烟道

在设有燃煤炉灶的建筑中,为了排除炉灶内的烟煤,常在墙内设置烟道。烟道一般应设置在内墙中,若必须设在外墙内时,烟道边缘与墙边缘的距离不宜小于 370 mm。

烟道的做法有砖砌烟道和预制烟道两种。

在多层建筑中,很难做到每个炉灶都有独立的烟道,通常把烟道设置成子母烟道,以免窜烟。烟道应砌筑密实,并随砌随用砂浆将内墙抹平。

2.通风道

在人数较多的房间以及产生烟气和空气污浊的房间,如会议室、厨房、卫生间等都应设置通风道。通风道的断面尺寸、构造要求及施工方法均与烟道相同,但通风道的进气口位于顶棚下 300 mm 左右,并用铁箅子遮盖。工程中多采用预制装配式通风道。

3.垃圾道

在多层和高层建筑中,为了排除垃圾,有时需设垃圾道。垃圾道一般布置在楼梯间靠外墙附近,或在走道的尽端,有砌砖垃圾道和混凝土垃圾道两种。一般每层都应设垃圾进口,垃圾出口与底层外侧的垃圾箱或垃圾间相连。通气孔位于垃圾道上部,与室外连通。

思考与练习

(一)单项选择题

1.关于变形逢的构造做法,下列不正确的是(　　　)。

A.为避免由于温差和砌体干缩对建筑物的影响而设置的竖向缝隙是伸缩缝

B.在沉降缝处应将基础以上的墙体、楼板全部断开,基础可不断开

C.当建筑物竖向高度相差悬殊时,应设沉降缝

D.防震缝是为了防止建筑物的各部分在地震时相互撞击造成变形和破坏而设置的垂直缝

2.下列做法不是墙体的加固做法的是(　　　)。

A.当墙体长度超过一定限度时,在墙体局部位置增设壁柱

B.设置圈梁

C.设置钢筋混凝土构造柱

D.在墙体适当位置用砌块砌筑

3.下列关于散水的构造做法不正确的是(　　　)。

A.通常是在夯实土上浇混凝土、砌砖或砌块石等面层

B.散水宽度不小于 600 mm

C.散水与墙体之间应整体连接,防止开裂

D.散水宽度比屋顶檐口多出 150~200 mm

4.踢脚板是楼地面和墙体相交处的构造处理,其高度为(　　　)。

A.120 mm　　　　　　B.200 mm　　　　　　C.300 mm　　　　　　D.100 mm

5.以下不是窗台作用的是(　　　)。

A.便于清洁　　　　B.便于放置物品　　　　C.装饰的作用　　　D.保护窗子不变形

6.墙体设计中,构造柱的最小尺寸是(　　　)。

A.120 mm×180 mm　　　　　　　　　　B.180 mm×240 mm

C.60 mm×240 mm   D.180 mm×370 mm

7.120 墙采用的组砌方式为(   )。

A.全顺   B.一顺一丁   C.二平一侧   D.丁顺相间

(二)多项选择题

1.防潮层的常用做法有(   )。

A.油膏类防潮层   B.防水砂浆防潮层

C.油毡防潮层   D 细石混凝土防潮层

E.涂料类防潮层

2.墙体的变形缝包括(   )。

A.伸缩缝   B.沉降缝

C.施工缝   D.防震缝

E.水平缝

3.构造柱的构造要求有(   )。

A.构造柱最小截面为 180 mm×240 mm

B.箍筋间距不大于 250 mm

C.构造柱与墙连接处宜砌成马牙槎

D.构造柱应设拉结筋,每边伸入墙内不少于 1 m

E.构造柱可不单独设基础,但应伸入室外地坪下 500 mm,或锚入浅于 500 mm 的基础梁内

4.下列说法正确的是(   )。

A.圈梁必须是连续封闭的梁

B.圈梁的作用是增强建筑物的刚度及整体性

C.圈梁被门窗洞口切断不能连续时,需设附加圈梁

D.钢筋混凝土圈梁的高度不小于 180 mm

E.当楼板或屋面板采用现浇钢筋混凝土时,圈梁可同板整体浇在一起

(三)判断题

1.伸缩缝应从基础底面到屋面全部断开,使相邻两侧的建筑物自由沉降互不影响。

(   )

2.防震缝应从基础底面到屋面全部断开,使相邻两侧的建筑物自由沉降互不影响。

(   )

3.勒脚是外墙与室外地面交接的部位。   (   )

4.防潮层应设置在室外地坪以下 120 mm 处。   (   )

5.墙裙是踢脚板的延伸,一般高度为 1 200~1 500 mm,其作用是防止墙身受污染和侵蚀。

(   )

任务四　掌握砌块墙的构造

任务描述与分析

砌块墙是用预制厂生产的块材所砌筑的墙体,其最大优点是取材方便,可以用混凝土、工业废料、地方材料等,且制作方便、施工简单,又能减少对耕地的破坏和节约能源。因此,应大力发展砌块墙体。

本任务的具体要求:了解砌块墙的分类;了解砌块的排列要求;掌握砌块墙的细部构造做法。

知识与技能

（一）砌块分类

生产砌块应结合各地区的实际情况,因地制宜、就地取材。目前各地广泛采用的材料有混凝土、加气混凝土、各种工业废料、粉煤灰、煤矸石、石渣等。

(1)砌块按尺寸和质量不同,分为小型砌块、中型砌块和大型砌块。砌块高度为 115~380 mm 的称为小型砌块;高度为 380~980 mm 的称为中型砌块;高度大于 980 mm 的称为大型砌块。

(2)砌块按有无孔洞分为实心砌块(无空洞或空心率<25%)和空心砌块(空心率≥25%)。空心砌块有单排方孔、单排圆孔和多排扁孔 3 种形式,其中多排扁孔对保温较有利,如图 4-4-1 所示。

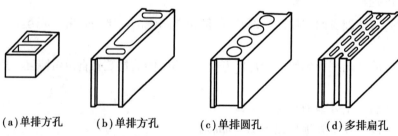

(a)单排方孔　　(b)单排方孔　　(c)单排圆孔　　(d)多排扁孔

图 4-4-1　空心砌块

(3)按砌块在组砌中的位置与作用不同,分为主砌块和辅助砌块。主砌块的尺寸为 190 mm×190 mm×390 mm,其他规格尺寸可由供需双方协商。

(4)根据材料不同,砌块有普通混凝土、装饰混凝土小型空心砌块,轻集料混凝土小型空心砌块,粉煤灰小型空心砌块,蒸汽加气混凝土砌块,免蒸加气混凝土砌块(又称环保轻质混凝土砌块)和石膏砌块。

(5)砌块按功能不同,分为承重砌块和保温砌块等。

(二)砌块的组合排列

为使砌块墙合理组合并搭接牢固,必须根据建筑初步设计进行试排。砌块排列时应满足以下要求:

(1)排列应整齐有规律,既考虑建筑物的立面要求,又考虑建筑施工方便。

(2)保证纵横墙搭接牢固,以提高墙体的整体性,砌块上下搭接一般为1/2砌块长,不得小于砌块高的1/3,也不应小于150 mm。

(3)尽可能少镶砖,必须镶砖时,则尽可能分散对称。

(4)正确选择砌块的规格尺寸,减少砌块的规格类型;优先选用大规格的砌块做主砌块,以便减少吊装次数,加快施工速度。

砌块排列方式有多皮划分排列和四皮划分排列。当起重能力在0.5 t以下时,可采用多皮划分,即由多皮"墙砌块"和一皮"过梁块"组成,如图4-4-2(a)所示;当起重能力在1.5 t左右时,可采用四皮划分排列,即由三皮"窗间墙块"、一皮"过梁块"和"窗下块"组成,如图4-4-2(b)所示。

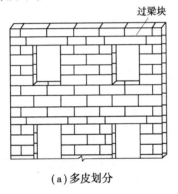
(a)多皮划分

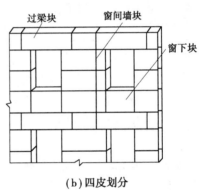
(b)四皮划分

图 4-4-2 砌块排列方式

(三)砌块墙的细部构造

1.砌块墙的拼接

砌块墙砌筑时应使竖缝填灌密实,水平缝砌筑饱满。一般砌块采用 M5 砂浆砌筑,灰缝宽度一般为 15~20 mm。

当垂直灰缝大于 30 mm 时,须用 C20 细石混凝土灌实。在砌筑过程中出现局部不齐或缺少某些特殊规格砌块时,为减少砌块类型,常以普通黏土砖填嵌。

中型砌块砌筑时应错缝搭接,上下皮砌块的搭接长度不得小于 150 mm。当搭接长度不足时,应在水平灰缝内增设 $\phi 4$ 的钢筋网片,如图 4-4-3 所示。

2.过梁与圈梁

过梁是砌块墙的重要构件,它既能起到连系梁和承受门窗洞孔上部荷载的作用,同时当层高出现差异时,过梁高度的变化又可起到调节高度的作用,从而使得砌块的通用性更大。

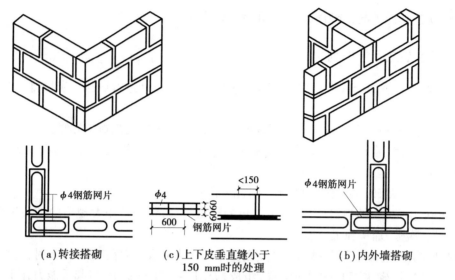

(a)转接搭砌　　　　　　(c)上下皮垂直缝小于　　　　　　(b)内外墙搭砌
　　　　　　　　　　　　　150 mm时的处理

图 4-4-3　砌块墙的搭接

为加强砌块建筑的整体性,多层砌块建筑应设置圈梁。当圈梁与过梁位置接近时,可以将圈梁与过梁一起考虑设置。圈梁设置要求见表 4-4-1。

表 4-4-1　圈梁设置要求

圈梁位置	设置要求	附　注
外墙及内纵墙	屋顶处应设置,楼板处宜隔墙设置	1.如采用预制圈梁,安装时应坐浆,并保证接头牢固可靠;
内横墙	屋顶处应设置,楼板处宜隔墙设置,间距不宜大于 10 m	2.屋顶处圈梁宜现浇

圈梁有现浇和预制两种。现浇圈梁整体性好,对加固墙身较为有利,但施工支模较为麻烦。有些地区采用 U 形预制混凝土代替模板,然后在框槽内配置钢筋,浇注混凝土,如图4-4-4所示。

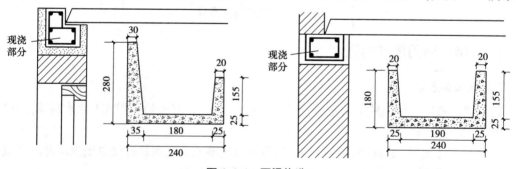

图 4-4-4　圈梁构造

3.构造柱

为了加强砌块建筑物的整体刚度,常在砌块墙的外墙转角和内外墙体交接处设置构造柱。构造柱用空心砌块砌筑时应上下孔洞对齐,在孔中配置 $\phi10\sim\phi12$ 钢筋分层插入,并用 C20 细石混凝土分层填实,如图 4-4-5 所示。构造柱与圈梁基础必须有较好的连接,以增强砌体的抗震能力。

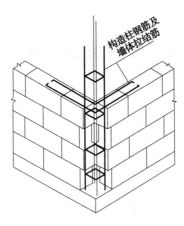

图 4-4-5 构造柱

 思考与练习

（一）单项选择题

1.砌块系列中主规格的高度在（　　）的称为小型砌块。

A.115~380 mm　　　　B.380~980 mm　　C.大于980 mm　　D.大于100 mm

2.当砌块墙的垂直灰缝大于（　　）时,须用C20细石混凝土灌实。

A.20 mm　　　　　　　B.30 mm　　　　　　C.40 mm　　　　　D.50 mm

3.为了加强砌块建筑物的整体刚度,常在砌块墙的外墙转角和内外墙体交接处设置（　　）。

A.圈梁　　　　　　　　B.构造柱　　　　　　C.变形缝　　　　　D.壁柱

（二）多项选择题

1.根据材料不同,砌块主要分为（　　）。

A.普通混凝土　　　　　　　　　　　B.粉煤灰空心砌块

C.加气混凝土砌块　　　　　　　　　D.普通烧结页岩砖

E.石膏砌块

2.按功能不同,砌块可分为（　　）。

A.实心砌块　　　　　　　　　　　　B.空心砌块

C.承重砌块　　　　　　　　　　　　D.保温砌块

E.加气混凝土砌块

（三）判断题

1.砌块墙砌筑时水平灰缝、垂直灰缝宽度一般为15~20 mm。　　　　　　　　（　　）

2.中型砌块砌筑时应错缝搭接,上下皮砌块的搭接长度不得小于150 mm。　　（　　）

3.砌块砌筑时上下搭接长度至少为1/6砌块长。　　　　　　　　　　　　　　（　　）

任务五 掌握墙面的装饰装修

 任务描述与分析

　　墙面的装饰装修是墙体构造中不可缺少的部分。对墙面进行装饰装修,不仅可以美化环境,丰富建筑的艺术形象,还可以保护墙体,延长墙体的使用年限。

　　本任务的具体要求:理解墙面装饰装修的作用和分类;掌握抹灰类、贴面类墙面装修的构造做法;了解涂料类、裱糊类、铺钉墙面装修的构造做法。

 知识与技能

(一)墙面装修的作用

1.保护墙体

　　墙体不仅是建筑物的主要承重构件之一,还是建筑物的主要围护构件,起遮风挡雨、保温隔热、防止噪声以及保证安全等作用。外墙面装饰在一定程度上保护墙体不受外界的侵蚀和影响,提高墙体防潮、抗腐蚀、抗老化的能力以及墙体的耐久性和坚固性。

2.改善墙体的使用功能

　　通过对墙面装饰处理,可以弥补和改善墙体材料在功能方面的不足。墙体经过装饰使得厚度加大,或者使用一些有特殊性能的材料,能够提高墙体的保温、隔热、隔声等功能。

3.提高建筑的艺术效果,美化环境

　　建筑物的立面是人们能观赏到的一个主要面,因此外墙面的装饰处理对构成建筑总体艺术效果具有十分重要的作用。

(二)墙面装修的分类

　　墙面装修按其所处的部位不同,可分为室外装修和室内装修。

　　墙面装修按材料及施工方式不同,常见的做法有抹灰类、贴面类、涂料类、裱糊类和铺钉类,见表4-5-1。

表 4-5-1　墙面装修分类

类　别	室外装修	室内装修
抹灰类	水泥砂浆、混合砂浆、聚合物水泥砂浆、拉毛、水刷石、干粘石、斩假石、假面砖、喷涂、滚涂等	纸筋灰、麻刀灰粉面、石膏粉面、膨胀珍珠岩灰浆、混合砂浆、拉毛、拉条等

续表

类　别	室外装修	室内装修
贴面类	外墙面砖、马赛克、水磨石板、天然石板等	釉面砖、人造石板、天然石板等
涂料类	石灰浆、水泥浆、溶剂型涂料、乳色涂料、彩色胶涂料、彩色弹涂料等	大白浆、石灰浆、油漆、乳胶漆、水溶性涂料、弹涂等
裱糊类	—	塑料壁纸、金属面壁纸、木纹壁纸、花纹玻璃纤维布、纺织面壁纸及锦缎等
铺钉类	金属饰面板、石棉水泥板、玻璃	各种木夹板、木纤维板、石膏板及各种装饰面板等

(三)墙面装修的构造

1.抹灰类墙面装修

抹灰类墙面具有材料来源丰富,便于就地取材,施工简单,价格便宜等优点。通过适当工艺,抹灰类墙面可获得多种装饰效果,如拉毛、喷毛、仿面砖等,同时还具有保护墙体、改善墙体物理性能的功能,如保温、隔热等。缺点是抹灰构造多为手工操作,现场湿作业量大。抹灰类饰面应用于外墙面时,要慎选材料,并采取相应改进措施,如掺加疏水剂可降低吸水性、掺加聚合物可提高黏结性等。

1)墙面抹灰的构造组成及作用

墙面抹灰一般由底层抹灰、中间层抹灰和面层抹灰三部分组成,如图4-5-1所示。

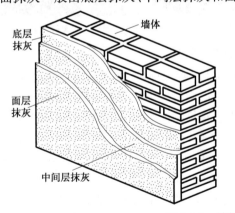

图4-5-1　抹灰的构造组成

(1)底层抹灰。底层抹灰主要是对墙体基层的表面处理,起到与基层黏结和初步找平的作用。抹灰施工时应先清理基层,除去浮尘,保证底层与基层黏结牢固。底层砂浆根据基层材料的不同及受水浸湿情况,可分别选用石灰砂浆、水泥石灰混合砂浆和水泥砂浆,底层抹灰厚度一般为5～15 mm。

(2)中间层抹灰。中间层抹灰的主要作用是找平与黏结,还可以弥补底层砂浆的干缩裂缝。一般用料与底层相同,厚度5~15 mm,根据墙体平整度与饰面质量要求,可一次抹成,也可分多次抹成。

(3)面层抹灰。面层抹灰又称"罩面",主要是满足装饰和其他使用功能要求。根据所选装饰材料和施工方法不同,面层抹灰可分为各种不同性质和外观的抹灰。

2)墙面抹灰的常见构造做法

对人群活动频繁易受碰撞的墙面,或有防水防潮要求的墙面,常做高约1.5 m的墙裙。对于易被碰撞的内墙阳角,宜做高度不小于2 m的护角。外墙面因抹灰面积较大,由于材料干缩和温度变化,容易产生裂缝,常在抹灰面层做分格,称为引条线。

2.贴面类墙面装修

贴面类墙面装修(图4-5-2)是指在内外墙面上粘贴各种陶瓷面砖或拴挂各种天然石材、人造石材等的饰面装修。常用的贴面材料有陶瓷制品、天然石材和人造石材。轻而小的块材可以直接镶贴,构造比较简单,由底层砂浆、黏结层砂浆和块状贴面材料面层组成;大而厚重的块材,则必须采用一定的构造连接措施,用贴挂等方式加强与主体结构的连接。

贴面类饰面的装饰效果好,坚固耐用、色泽稳定,易清洗,耐腐防水,但因其加工复杂、价格昂贵,故多用于高级墙面装修中。

| (a)天然石板 | (b)陶瓷面砖 | (c)大理石板 |

图4-5-2 贴面类墙面装修

常见的陶瓷制品贴面材料有外墙面砖、内墙面砖、陶瓷锦砖、玻璃锦砖等。外墙面砖是指用于建筑物外墙的陶制或坯制的建筑装饰面砖;内墙面砖多为釉面砖,也称为瓷砖、瓷片,是用瓷土或优质陶土经高温烧制成的饰面材料,多用于建筑物内墙装饰的薄板状精陶制品;陶瓷锦砖又称"马赛克",是用优质瓷土烧制而成的小块瓷砖,分为挂釉和不挂釉两种,规格较小,具有质地坚实、经久耐用、花色繁多、耐酸碱、耐火、耐磨、不渗水、易清洁等优点,可拼成各种花纹图案,是建筑装饰中一种常用的材料;玻璃锦砖又称"玻璃马赛克",是由各种颜色的玻璃掺入其他原料经高温熔炼发泡后压制而成,玻璃马赛克是乳浊状半透明的玻璃质饰面材料,色彩更为鲜明,并具有透明光亮的特征。

常见天然板材贴面材料有花岗石、大理石和青石板等,具有强度高、耐久性好等优点,多作高级装饰用。常见人造石材有人造大理石材饰面板、预制水磨石饰面板、预制斩假石饰面板、预制水刷石饰面板以及预制陶瓷砖饰面板等。

板材的拴挂法分为湿挂法和干挂法两种。湿挂法又称为灌浆法,是采用墙面加钢筋网片,用铜丝固定板材,分层灌注水泥砂浆粘贴的旧工艺;干挂法又称为连接件挂接法,是利用高强耐腐蚀的金属挂件,把饰面石材通过托、吊、销、拴的方法固定在建筑物外表面。

3.涂料类墙面装修

涂料类墙面装修是将各种涂料涂敷于基层表面而形成牢固的膜层,从而起到保护墙面和装饰墙面的一种装修做法。

建筑涂料按其成膜物的不同,可分为无机涂料和有机涂料两大类。无机涂料有普通无机涂料和无机高分子涂料。有机涂料依其主要成膜物质与稀释剂不同,有溶剂型涂料、水溶性涂料和乳液涂料三类。

建筑涂料按其施工方法不同,可分为刷涂、滚涂和喷涂三种,如图4-5-3所示。

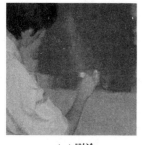  

(a)刷涂　　　　　　　　(b)滚涂　　　　　　　　(c)喷涂

图4-5-3　涂料的施工方法

4.裱糊类墙面装修

裱糊类墙面装修用于建筑内墙,是将卷材类饰面装饰材料用胶粘贴到基层上的装修做法,如图4-5-4所示。裱糊类饰面装饰性强,造价经济,施工方法简便、效率高,饰面材料更换方便,在曲面和墙面转折处粘贴可以获得连续的饰面效果。

图4-5-4　裱糊类墙面

裱糊类饰面在施工前要对基层进行处理。处理后的基层应坚实牢固,表面平整光洁,线脚通畅顺直,不起尘,无砂粒和孔洞,同时应使基层保持干燥。裱糊类墙面的饰面材料有很多种类,常用的有墙纸、墙布、锦缎、皮革、薄木、PVC塑料墙纸等。锦缎、皮革和薄木裱糊墙面属于高级室内装修,用于室内使用要求较高的场所。

5.铺钉类墙面装修

铺钉类墙面装修是将各种天然或人造薄板镶钉在墙面上的装修做法,由骨架和面板两部分组成。施工时先在墙面上立骨架(墙筋),然后在骨架上铺钉装饰面板。

骨架有木骨架和金属骨架之分,由截面一般为50 mm×50 mm的立杆和横撑组成的木骨架钉在预埋在墙中的木砖上,或直接用射钉钉在墙上。立柱和横撑间距应与面板长度和宽度相配合。金属骨架由槽形截面的薄钢立柱和横撑组成。

常用的装修面板有木板、铝塑板、不锈钢板、石膏板等。

拓展与提高

常用的装饰面板

常用装饰面板如图4-5-5所示。

（1）木板：常用的有实木板和人造板（密度板、刨花板）。

（2）铝塑板。

（3）不锈钢板：按表面效果不同，可分为拉丝不锈钢板、镜面不锈钢板和彩色不锈钢板。

（4）防火装饰板：按表面的装饰效果不同，可分为纯色防火板、木纹防火板、石材防火板和金属效果防火板等，具有耐磨、耐热、耐撞击、耐酸碱、防火、抗菌、装饰性好等优点。

（5）纸面石膏板：其特点是生产能耗低，生产效率高，轻质，保温隔热、防火性能好，施工方便，绿色环保等。

（6）纤维水泥压力板：又称FC板，在工程中主要用于半露天及潮湿区域的吊顶、隔墙等覆面材料，也可直接作饰面用。

（7）铝扣板和PVC扣板。

(a)密度板 　　(b)刨花板 　　(c)铝塑板 　　(d)拉丝不锈钢板

(e)仿石材防火板 　　(f)纸面石膏板 　　(g)铝扣 　　(h)PVC扣板

图4-5-5　常用的装饰面板

思考与练习

（一）单项选择题

1.将卷材类饰面装饰材料粘贴到基层上的装修做法称为（　　　）。

A.抹灰类   B.涂料类   C.裱糊类   D.铺钉类

2.在内外墙面上粘贴各种陶瓷面砖或拴挂各种人造石板、天然石板等的饰面装修做法称为( )。

A.抹灰类   B.涂料类   C.贴面类   D.铺钉类

(二)多项选择题

1.墙面装饰装修的作用主要有( )。

A.防潮湿   B.抗腐蚀   C.抗老化   D.美观

E.保护墙体

2.按材料及施工方式的不同,常见的墙面装修可分( )。

A.抹灰类   B.涂料类   C.裱糊类   D.内墙装修

E.外墙装修

3.贴面类墙面装修常用的材料有( )。

A.墙纸   B.陶瓷制品   C.天然石材   D.墙布

E.人造石材

(三)判断题

1.抹灰类墙面装修中底层抹灰起与基层黏结和初步找平的作用。   ( )

2.墙面装修按其所处的部位不同,可分为室外装修和室内装修。   ( )

3.墙面抹灰一般是由底层抹灰、装饰抹灰两部分组成。   ( )

4.外墙装饰装修可以采用贴面类、裱糊类、铺钉类。   ( )

考核与鉴定四

(一)单项选择题

1.下列不属于墙体按所用材料分类的是( )。

A.砖墙   B.石墙   C.块材墙   D.混凝土墙

2.墙体的作用不包括( )。

A.承重   B.美观   C.分隔   D.围护

3.楼板或屋面板直接搁置在纵墙上,纵墙承受着板传来的荷载,这种墙体承重方案是( )。

A.横墙承重   B.纵墙承重

C.纵横墙混合承重   D.墙和部分框架承重

4.下列关于墙体的表述错误的是( )。

A.所有的墙体都应有足够的强度和稳定性

B.建筑物的外墙必须满足必要的保温、隔热要求

C.要满足防火要求

D.要满足美观适用的要求

5.实心砖墙组砌方式中的二平一侧能砌( )。

A.240 砖墙　　　　　　　B.120 砖墙　　　　　C.180 砖墙　　　　　D.370 砖墙

6.勒脚的主要作用有(　　　)。

①保护墙身接近地面部位免受雨水侵蚀,以避免墙身潮湿和在冬季受冻导致破坏。

②加固墙身,防止外力对墙身的各种机械性损伤。

③美观,对建筑物的立面处理产生一定的效果。

A.①②　　　　　　　B.①③　　　　　C.①②③　　　　　D.②③

7.采用 1:2 水泥砂浆加水泥用量 3%~5% 的防水剂,厚度为 20~25 mm 或用防水砂浆砌三皮砖作防潮层。这种防潮层的做法是(　　　)。

A.油毡防潮层　　　　　　　　　　B.防水砂浆防潮层

C.细石混凝土防潮层　　　　　　　D.以上都不对

8.散水应做向外倾斜(　　　)的坡度,将雨水排走。

A.3%~5%　　　　　B.1%~3%　　　　C.2%~5%　　　　D.3%~6%

9.墙裙是踢脚板的延伸,一般高度为(　　　),其作用是防止墙身受污染和侵蚀。

A.1 000~1 200 mm　　　　　　　　B.1 200~1 300 mm

C.1 200~1 800 mm　　　　　　　　D.1 200~1 500 mm

10.墙体上开设门窗洞口时,洞口上要设一根横梁,该梁称为(　　　)。

A.悬挑梁　　　　　　B.过梁　　　　　C.圈梁　　　　　D.外伸梁

11.当建筑物长度或宽度较大时,为避免由于温差和砌体干缩引起墙体变形而设置的垂直缝隙,称为(　　　)。

A.伸缩缝　　　　　　B.沉降缝　　　　　C.防震缝　　　　　D.外伸梁

12.钢筋混凝土圈梁的高度应为砖厚的整数倍,并不小于(　　　)。

A.115 mm　　　　　B.60 mm　　　　C.120 mm　　　　D.240 mm

13.构造柱与墙连接处宜砌成马牙槎,并沿墙高每 500 mm 设 2φ6 拉结筋,每边伸入墙内不少于(　　　)。

A.500 mm　　　　　B.1 000 mm　　　　C.600 mm　　　　D.800 mm

14.当砌块砌体的垂直灰缝大于 30 mm 时,须用(　　　)。

A.C20 细石混凝土灌实　　　　　　B.普通黏土砖填嵌

C.用 M5 砂浆砌筑填实　　　　　　D.以上都不对

15.常用墙纸、墙布、锦缎、皮革等材料装饰装修墙面的做法称为(　　　)。

A.裱糊类　　　　　　B.涂料类　　　　　C.贴面类　　　　　D.铺钉类

16.抹灰类墙面装修中中间抹灰的主要作用是(　　　)。

A.找平与黏结　　　　　　　　　　B.黏结和初步找平

C.装饰　　　　　　　　　　　　　D.平整

17.拴挂板材时,采用墙面加钢筋网片,用铜丝固定板材,分层灌注水泥砂浆粘贴的施工方法称为(　　　)。

A.湿挂法　　　B.干挂石材法　　　　C.连接件挂接法　　　　D.拴挂法

（二）多项选择题

1.实心砖墙在砌筑时必须做到（　　　）。

A.上下错缝　　　　　　　　　　　　B.内外搭接

C.横平竖直　　　　　　　　　　　　D.有足够的强度和稳定性

E.砂浆饱满

2.墙体的作用主要有（　　　）。

A.承重　　　　　　　　　　　　　　B.围护

C.分隔　　　　　　　　　　　　　　D.防止噪声

E.保温隔热

3.勒脚的常用做法有（　　　）。

A.在勒脚部位抹 20～30 mm 厚 1∶2（或 1∶2.5）水泥砂浆，或做水刷石

B.勒脚部位墙身加厚 60～120 mm，再抹水泥砂浆或做水刷石

C.在勒脚部位镶贴天然石材等防水和耐久性好的材料

D.用天然石材砌筑勒脚

E.与地面材料相同

4.墙体按施工方法可分为（　　　）。

A.叠砌式墙　　　　　　　　　　　　B.砌块墙

C.现浇整体式墙　　　　　　　　　　D.预制装配式墙

E.空体墙

5.墙体的承重方案有（　　　）。

A.横墙承重　　　　　　　　　　　　B.纵墙承重

C.纵横墙混合承重　　　　　　　　　D.墙和部分框架承重

E.框架承重

6.砌块排列时应满足的要求有（　　　）。

A.砂浆饱满，内外搭接

B.排列整齐，有规律

C.保证纵横墙搭接牢固，以提高墙体的整体性

D.尽可能少镶砖，必须镶砖时，则尽可能分散对称

E.正确选择砌块的规格尺寸，减少砌块的规格类型

7.墙面装修的作用有（　　　）。

A.保护墙体　　　　　　　　　　　　B.改善墙体的使用功能

C.承受荷载　　　　　　　　　　　　D.增强墙体稳定性

E.提高建筑的艺术效果，美化环境

（三）判断题

1.当门窗洞口跨度超过 1.5 m，或荷载较大，有可能产生不均匀沉降的建筑，应采用钢筋砖过梁。　　　　　　　　　　　　　　　　　　　　　　　　　　　　　　　（　　　）

2.圈梁是沿外墙四周及内墙在同一水平面上设置的连续闭合的梁。　　　　　（　　　）

3.伸缩缝在基础处必须断开。 （　　）

4.构造柱与圈梁必须整体连接,共同形成空间骨架,增加房屋的整体刚度,提高抗震和墙体抗变形能力。 （　　）

5.中型砌块砌体的错缝搭接,上下皮砌块的搭接长度不得小于 240 mm,当搭接长度不足时,应在水平灰缝内增设φ4 的钢筋网片。 （　　）

6.砌块墙砌筑时应使竖缝填灌密实,水平缝砌筑饱满。一般砌块采用 M5 砂浆砌筑,灰缝宽度一般为 8~12 mm。 （　　）

7.普通砖墙由于吸水性较大,在抹灰前需将墙面浇湿,以免抹灰后过多吸收砂浆中水分而影响黏结效果。 （　　）

8.裱糊类墙面装修用于建筑内墙,是将卷材类软质饰面装饰材料用胶粘贴到平整基层上的装修做法。 （　　）

模块五 楼地层

日常生活中,楼地层是建筑物中与人接触最多的地方,是人们工作、学习和休息的场所;阳台是连接室内的室外平台,给居住在建筑里的人们提供一个舒适的室外活动空间;雨篷是在建筑物外墙出入口的上方,用以挡雨并有一定装饰作用的水平构件。

本模块主要有三个学习任务,即理解楼地层的组成、作用与类型;掌握楼地层的构造;了解阳台与雨篷。

 学习目标

(一)知识目标

1.理解楼地层的类型与要求;

2.掌握楼地层的构造;

3.了解阳台与雨篷。

(二)技能目标

1.能描述楼地层的组成与作用;

2.能依据具体工程环境选择合适的楼地层类型、顶棚做法;

3.能熟悉阳台和雨篷的细部构造做法、防水与排水要求。

(三)职业素养目标

1.养成良好的识图习惯;

2.培养安全施工意识;

3.培养团队合作与创新意识。

任务一 理解楼地层的组成与分类

任务描述与分析

楼地层是建筑物中与人接触最多的地方,因此,除应具有足够的强度、刚度、平整度、耐磨性、舒适感等要求外,对不同等级的建筑还应具有隔声、保温、隔热、防火及防腐蚀性等要求。

本任务的具体要求:理解楼地层的组成及作用;理解楼地层的类型。

知识与技能

(一)楼地层的组成及作用

1.地面的组成及作用

地面又称地层,指建筑物底层房间与土层的交接部位。其作用是承受上部荷载,并将荷载传给地面以下的土层。

地面的基本组成部分有面层、垫层和基层。对有特殊要求的地面,常在面层和垫层之间增设一些附加层,如图 5-1-1 所示。

(1)面层:人们直接接触的表面层,主要起装饰美化的作用。

(2)垫层:基层和面层之间的填充层,主要起承重和传力的作用。垫层要有足够的厚度并坚固耐久,一般采用 60～100 mm 厚 C15 混凝土垫层。垫层材料分为刚性和柔性两大类。刚性垫层如混凝土、碎砖三合土等,有足够的整体刚度,受力后不产生变形,多用于整体地面和小块块料地面。柔性垫层如砂、碎石、炉渣等松散材料,无整体刚度,受力后可产生变形,多用于块料地面。

(3)基层:地面最下面的土层即地基,一般为原土或填土分层夯实。当上部荷载较大时,增设 100～150 mm 厚灰土、碎砖或三合土等。

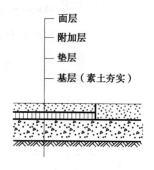

图 5-1-1 地面的组成

(4)附加层:又称功能层,是为满足某些特殊使用要求而设置的构造层次,如防水层、防潮层、保温层、隔热层、隔声层和管道敷设层等。

2.楼板层的组成及作用

楼板层由面层、结构层和顶棚三部分组成,根据使用的实际需要可增设附加层,如图 5-1-2 所示。

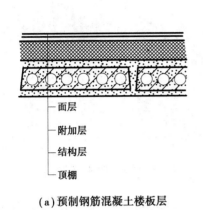
（a）预制钢筋混凝土楼板层

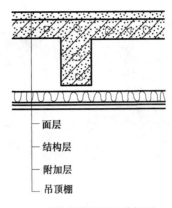
（b）现浇钢筋混凝土楼板层

图 5-1-2　楼板层的基本组成

（1）面层：又称楼面，起保护楼板、承受并传递荷载的作用，同时对室内有很重要的清洁及装饰作用。面层直接与人和家具、设备等接触，因此要求面层必须光滑平整、坚固耐磨、防水等。

（2）结构层：又称承重层。其主要功能是承受楼板层及其上的全部荷载并将这些荷载传给墙或柱，同时还对墙身起水平支撑作用，以加强建筑物的整体刚度。因此，要求结构层具有足够的强度和刚度，一般采用现浇钢筋混凝土板和预制钢筋混凝土板。

（3）附加层：又称功能层，根据楼板层的具体要求而设置。其主要作用是隔声、隔热、保温、防水、防潮、防腐蚀、防静电等。根据需要，有时和面层合二为一，有时又和吊顶合为一体。

（4）顶棚：又称天花板，位于楼板层最下层。根据不同建筑物的使用要求，可直接在楼板底面粉刷，也可在楼板下部做吊顶。其主要作用是保护楼板、安装灯具、装饰室内、敷设管线等。因此，顶棚必须表面平整、光洁、美观，有一定的光照反射作用，有利于改善室内亮度。

（二）楼地层的类型

楼地层是人们在房屋中接触最多的部分，其质量好坏对房屋的使用和美观等影响很大，因此必须充分重视楼地层用料的选材。

1.楼地面的类型

通常，人们以面层材料的名称来给楼地面命名。根据面层所用材料和施工方式不同，把楼地面分为以下四大类。

1）整体地面

整体地面是现场整体浇筑而成的地面。它具有造价低、施工简便、装饰效果好等优点，但容易起灰、起砂。它包括水泥砂浆地面、细石混凝土地面、水磨石地面等，如图 5-1-3 所示。

2）块材类地面

块材类地面是由各种块材用胶结材料镶铺而成的地面。它具有耐磨损、强度高、易清洁、花色品种多等优点，适用于人流活动大、地面磨损率高的地面，但造价较高、工效偏低。块材主要包括各种陶瓷地面砖、缸砖、大理石、花岗岩等，如图 5-1-4 所示。

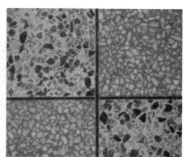

（a）水泥砂浆地面　　　　　（b）细石混凝土地面　　　　　（c）水磨石地面

图 5-1-3　整体地面

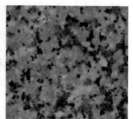

（a）陶瓷地面砖地面　　　（b）缸砖地面　　　（c）大理石地面　　　（d）花岗岩地面

图 5-1-4　块材类地面

3）木地面

木地面是由木板铺钉或胶合而成的地面。它具有导热系数小、自然美观、耐磨、易清洁等优点，目前在家庭装饰中应用广泛，但耐火性差，易产生裂缝和变形，如图 5-1-5 所示。

图 5-1-5　木地面

4）卷材类地面

卷材类地面是用成卷的卷材铺贴而成的地面。它具有美观、实用效果好、隔声、隔潮、耐磨、耐腐蚀等优点，目前在家庭装饰、娱乐场所等应用广泛。常见的卷材有各种塑料地毡、橡胶地毡以及各种地毯等，如图 5-1-6 所示。

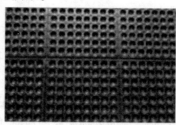

（a）塑料地毡地面　　　　　（b）橡胶地毡地面　　　　　（c）地毯地面

图 5-1-6　卷材类地面

2.楼板的类型

按所用材料不同,楼板可分为木楼板、砖拱楼板、钢筋混凝土楼板、钢楼板、压型钢板与混凝土组合楼板等,如图5-1-7所示。

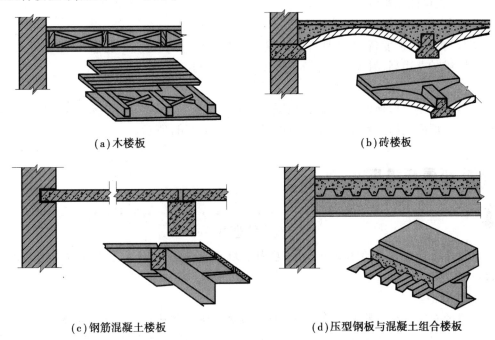

（a）木楼板　　　　　　　　　　　　　　（b）砖楼板

（c）钢筋混凝土楼板　　　　　　　　　（d）压型钢板与混凝土组合楼板

图 5-1-7　楼板的类型

1）木楼板

木楼板是在木搁栅之间设置剪刀撑,形成有足够整体性和稳定性的骨架,并在木搁栅上下铺钉木板所形成的楼板,如图5-1-7(a)所示。这种楼板构造简单、自重轻、导热系数小,但耐久性和耐火性差,耗费木材量大,除木材产区外较少采用。

2）砖拱楼板

砖拱楼板是先在墙或柱上架设钢筋混凝土小梁,然后在钢筋混凝土小梁之间用砖砌成拱形结构所形成的楼板,如图5-1-7(b)所示。砖拱楼板可节约钢材、水泥、木材,造价低,但承载能力和抗震能力差,结构层所占的空间大,顶棚不平整,施工复杂,因此现在已基本不用。

3）钢筋混凝土楼板

钢筋混凝土楼板的强度高、刚度大、可塑性好、耐久性和耐火性好,便于工业化生产,是目前应用最广泛的楼板类型,如图5-1-7(c)所示。

钢筋混凝土楼板按其施工方法不同,分为现浇式、预制装配式和装配整体式三种类型。

(1)现浇钢筋混凝土楼板:在施工现场通过支模、绑扎钢筋、整体浇筑混凝土及养护等工序而成型的楼板。这种楼板具有整体性好、刚度大、利于抗震、梁板布置灵活等特点,但其模板耗材大、施工进度慢、施工受季节限制,适用于地震区、平面形状不规则或防水要求较高的房间。

(2)预制装配式钢筋混凝土楼板:在构件预制厂或施工现场预先制作,然后在施工现场装配而成的楼板。这种楼板可以节省模板、改善劳动条件、提高生产效率、加快施工速度并有利于推广建筑工业化,但楼板的整体性差,适用于非地震区、平面形状较规则的房间中。

(3)装配整体式钢筋混凝土楼板:预制构件与现浇混凝土面层叠合而成的楼板。它既可以节省模板、提高其整体性,又可加快施工速度,但其施工较复杂,目前多用于住宅、宾馆、学校、办公楼等大量性建筑中。

4)钢楼板

钢楼板自重轻、强度高、整体性好、易连接、施工方便、便于建筑工业化,但用钢量大、造价高、易腐蚀、维护费用高、耐火性比钢筋混凝土差,一般常用于工业建筑。

5)压型钢板与混凝土组合楼板

组合楼板是用压型钢板做衬板,用混凝土浇筑在一起,支承在钢梁上形成的楼板,其刚度大、整体性好、可简化施工程序,但需经常维护,如图5-1-7(d)所示。

📁 拓展与提高

新型地面

随着建筑行业技术的不断革新,一些新型地面不断涌现,目前主要有以下两种新型地面:

1.塑料地毡

常用的塑料地毡为聚氯乙烯塑料地毡和聚氯乙烯石棉地板。聚氯乙烯塑料地毡(又称地板胶)是软质卷材,可直接干铺在地面上。聚氯乙烯石棉地板是在聚氯乙烯树脂中掺入60%~80%的石棉绒和碳酸钙填料,由于树脂少、填料多,所以质地较硬,常做成300 mm×300 mm的小块地板,用黏结剂拼花对缝粘贴,如图5-1-8所示。

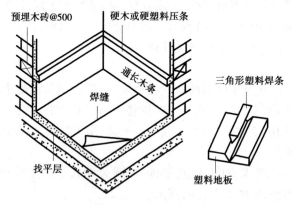

图 5-1-8 塑料地面

2.涂料地面

涂料地面(图5-1-9)耐磨性好、耐腐蚀、耐水防潮、整体性好、易清洁、不起灰,弥补了水泥砂浆和混凝土地面的缺陷,同时价格低廉,易于推广。

图 5-1-9 涂料地面

 思考与练习

(一)单项选择题

1.楼板层通常由( )组成。

A.面层、结构层、地坪　　　　　　　B.面层、结构层、顶棚

C.支撑、结构层、顶棚　　　　　　　D.垫层、梁、结构层

2.为满足特殊使用要求而设置的构造层次是( ),如防水层、防潮层、保温层、隔热层、隔声层和管道敷设层等。

A.面层　　　　　B.垫层　　　　　C.基层　　　　　D.附加层

3.( )的主要功能是承受上部荷载并将这些荷载传给墙或柱。

A.面层　　　　　B.结构层　　　　　C.附加层　　　　　D.顶棚

4.具有整体性好、刚度大、利于抗震、梁板布置灵活等优点,但其模板耗材大,施工进度慢,施工受季节限制的楼板是( )。

A.现浇钢筋混凝土楼板　　　　　　B.预制装配式钢筋混凝土楼板

C.装配整体式钢筋混凝土楼板　　　D.砖拱楼板

(二)多项选择题

1.楼地面按面层材料及施工方法分为( )。

A.整体地面　　B.块材类地面　　C.卷材类地面　　D.木地面　　E.实铺地面

2.地面的基本组成部分有( )。

A.面层　　　　B.附加层　　　　C.垫层　　　　D.基层　　　　E.结构层

(三)判断题

1.楼板层通常由面层、楼板、顶棚组成。 ( )

2.地层由面层、垫层、结构层、素土夯实层组成。 ( )

3.根据施工方法不同,钢筋混凝土楼板可分为现浇式、装配式、装配整体式。 ( )

任务二　掌握楼地层的构造

任务描述与分析

为保证楼板层和地层在使用过程中的安全和使用质量,楼地层的构造应满足设计要求或规范规定。

本任务的具体要求:掌握常用地面的细部构造做法;熟悉直接式顶棚的类型与构造做法;掌握钢筋混凝土楼板的构造做法;掌握常见楼面的构造做法。

知识与技能

(一)常用地面的构造

1.水泥砂浆地面

水泥砂浆地面通常有单层和双层两种做法。单层做法只抹一层20 mm厚1:2.5水泥砂浆面层;双层做法是增加一层10~20 mm厚1:3水泥砂浆找平层,表面再抹5~10 mm厚1:2.5水泥砂浆面层,如图5-2-1(a)所示。

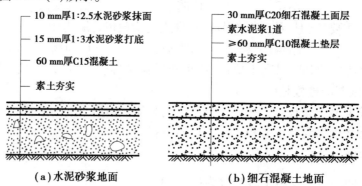

（a）水泥砂浆地面　　　　　（b）细石混凝土地面

图5-2-1　水泥砂浆地面和细石混凝土地面

2.细石混凝土地面

细石混凝土地面分层构造,垫层为60 mm厚C15细石混凝土,结合层为水灰比0.4~0.5的水泥浆,面层为40 mm厚C20细石混凝土(有敷管时为50 mm厚),施工时木板拍浆或铁滚压浆。为提高其表面耐磨性和光洁度,可洒1:1的水泥浆随洒随抹光,如图5-2-1(b)所示。

3.水磨石地面

水磨石地面底层为20 mm厚1:3水泥砂浆,面层为15 mm厚(1:1.5)~(1:2)水泥石渣,石渣粒径为6~8 mm。为了避免出现不规则裂缝,便于维修、美观,用分格条来保证水磨石地面的平整度。分格条常用玻璃条或金属条,一般高 10 mm,用 1∶1 水泥砂浆固定,如图 5-2-2 所示。

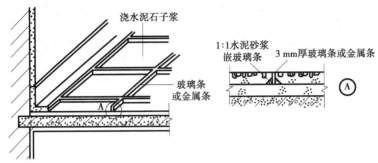

图 5-2-2 水磨石地面

4.缸砖、地面砖及陶瓷锦砖地面

缸砖是陶土加矿物颜料烧制而成的一种无釉砖块,主要有红棕色和深米黄色两种。缸砖质地细密坚硬,强度较高,耐磨、耐水、耐油、耐酸碱,易于清洁不起灰,施工简单,因此广泛应用于卫生间、盥洗室、浴室、厨房、实验室及有腐蚀性液体的房间地面,如图 5-2-3(a)所示。

地面砖的各项性能都优于缸砖,且色彩图案丰富,装饰效果好,造价也较高,多用于装修标准较高的建筑物地面。

陶瓷锦砖质地坚硬,经久耐用,色泽多样,耐磨、防水、耐腐蚀、易清洁,适用于有水、有腐蚀的地面。其做法类同缸砖,后用滚筒压平,使水泥胶挤入缝隙,用水洗去牛皮纸,用白水泥浆擦缝,如图 5-2-3(b)所示。

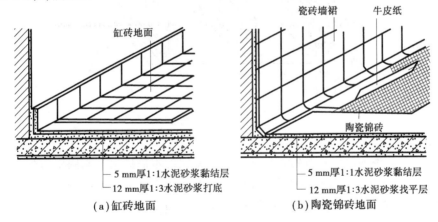

图 5-2-3 缸砖和陶瓷锦砖地面

5.天然石板地面

常用的天然石板指大理石和花岗石,它们质地坚硬、色泽丰富艳丽,属高档地面装饰材料,一般多用于高级宾馆、会堂、公共建筑的大厅、门厅等处。

天然石板地面的构造做法是:在基层上浇 60 mm 厚 C15 混凝土垫层,刷素水泥浆一道后,做 20 mm 厚 1∶3 水泥砂浆找平层,面上撒 2 mm 厚素水泥(洒适量清水),粘贴石板,如图 5-2-4 所示。

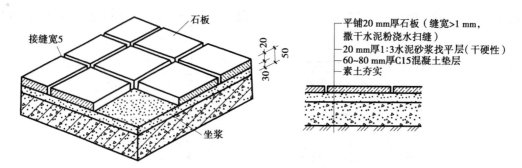

图 5-2-4　大理石和花岗石地面

6.木地面

木地面按构造方式有架空、实铺和粘贴三种。

1)架空式木地板

架空式木地板常用于底层地面,主要用于舞台、运动场等有弹性要求的地面,如图 5-2-5 所示。

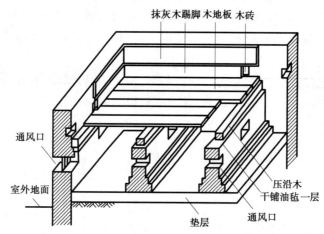

图 5-2-5　架空木地面

2)实铺木地面

实铺木地面是将木地板直接钉在钢筋混凝土基层的木搁栅上。木搁栅为 50 mm×60 mm 方木,中距 400 mm;40 mm×50 mm 横撑,中距 1 000 mm。为了防腐,可在基层上刷冷底子油和热沥青,搁栅及地板背面满涂防腐油或煤焦油,如图 5-2-6 所示。

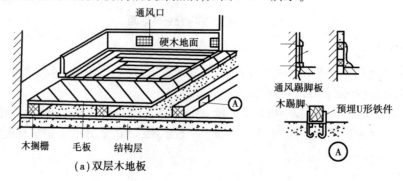

(a)双层木地板

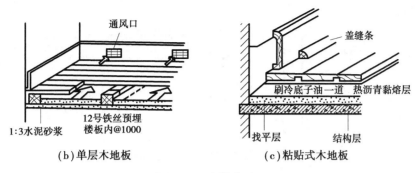

（b）单层木地板　　　　　　　　（c）粘贴式木地板

图 5-2-6　实铺木地面

3）粘贴木地面

粘贴木地面的常见做法是:先在钢筋混凝土基层上采用沥青砂浆找平,然后刷冷底子油一道,热沥青一道,用 2 mm 厚沥青胶环氧树脂乳胶等随涂随铺贴木地板,如图 5-2-7 所示。

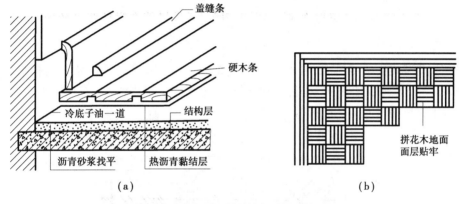

（a）　　　　　　　　　　　　　　（b）

图 5-2-7　粘贴木地面

（二）常见楼板的构造

1.现浇钢筋混凝土楼板

现浇钢筋混凝土楼板根据受力和传力情况,分为板式楼板、梁板式楼板、无梁楼板和压型钢板组合楼板。

1）板式楼板

板式楼板是指将板直接搁置在墙上的楼板。板式楼板有单向板与双向板之分,如图 5-2-8 所示。

当板的长边与短边之比大于 2 时,板基本上沿短边方向传递荷载,这种板称为单向板,板内受力钢筋沿短边方向设置。

双向板长边与短边之比不大于 2,荷载沿双向传递,短边方向内力较大,长边方向内力较小,受力主筋平行于短边,并摆在下层,平行于长边的钢筋布置在上层。板式楼板底面平整、美观、施工方便,适用于小跨度房间,如走廊、厕所和厨房等。

2）梁板式楼板

梁板式楼板又称为肋形楼板。当跨度较大时,常在板下设梁以减小板的跨度,使楼板结构

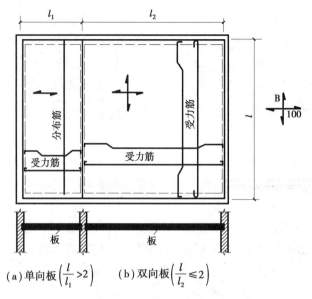

$$（a）单向板\left(\frac{l}{l_1}>2\right) \qquad （b）双向板\left(\frac{l}{l_2}\leqslant2\right)$$

图 5-2-8 板式楼板

更经济合理,荷载先由板传给梁,再由梁传给墙或柱,如图 5-2-9 所示。梁板式楼板中的梁有主梁、次梁之分,次梁与主梁一般垂直相交,板搁置在次梁上,次梁搁置在主梁上,主梁搁置在墙或柱上,主梁可沿房间的纵向或横向布置。

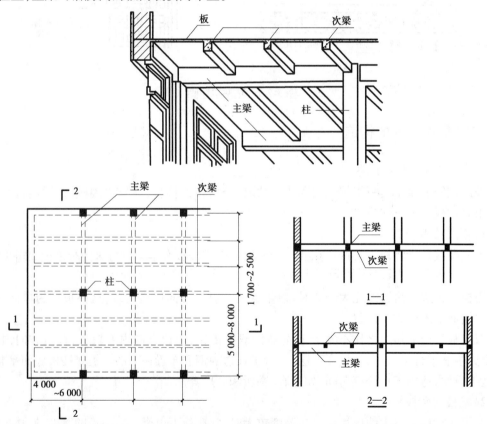

图 5-2-9 梁板式楼板

井式楼板是梁板式楼板的一种特殊形式。当房间尺寸较大并接近正方形时,常沿两个方向布置等距离、等截面高度的梁,板为双向板,形成井格形的梁板结构,纵梁和横梁同时承担着由板传递下来的荷载。

井式楼板的跨度一般为6~10 m,板厚为70~80 mm,井格边长一般在2.5 m之内。井式楼板有正井式和斜井式两种。梁与墙之间成正交布置的为正井式,梁与墙之间呈斜向布置的为斜井式,如图5-2-10所示。井式楼板常用于跨度约10 m、长短边之比小于1.5的公共建筑的门厅、大厅、会议室等。

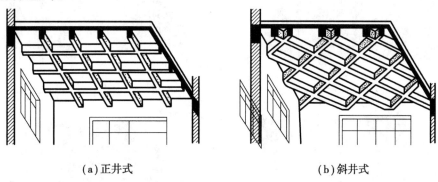

(a)正井式　　　　　　　　　　(b)斜井式

图5-2-10　井式楼板

3)无梁楼板

无梁楼板是在楼板跨中设置柱子来减小板跨,而不设梁的楼板,如图5-2-11所示。在柱与楼板连接处,柱顶构造分为有柱帽和无柱帽两种。当楼面荷载较小时,采用无柱帽的形式;当楼面荷载较大时,为提高板的承载能力、刚度和抗冲切能力,可以在柱顶设置柱帽或柱托来减小板跨,增加柱对板的支托面积。无梁楼板的柱间距宜为6 m,成方形布置。由于板的跨度较大,故板厚不宜小于150 mm,一般为160~200 mm。

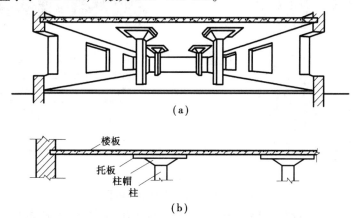

(a)

楼板
托板
柱帽
柱

(b)

图5-2-11　无梁楼板

无梁楼板的板底平整,室内净空高度大,采光、通风条件好,便于采用工业化的施工方式,适用于楼面荷载较大的公共建筑(如商店、仓库、展览馆等)和多层工业厂房。

4)压型钢板组合楼板

压型钢板组合楼板的基本构造形式如图 5-2-12 所示,它由钢梁、压型钢板和现浇混凝土三部分组成。

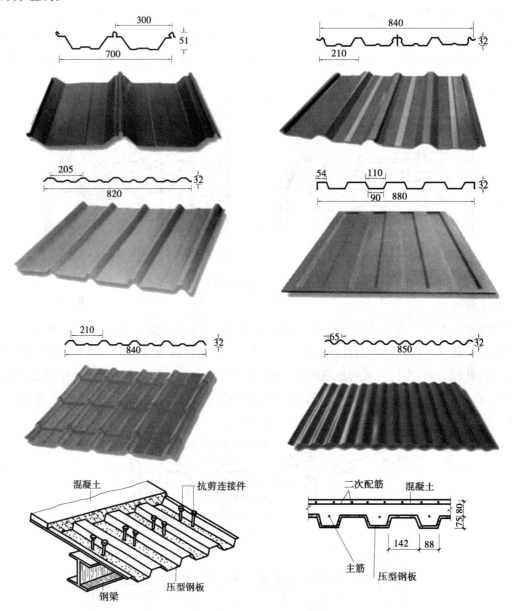

图 5-2-12　压型钢板组合楼板

压型钢板组合楼板的整体连接是由栓钉(又称抗剪螺钉)将钢筋混凝土、压型钢板和钢梁组合成整体。栓钉是组合楼板的抗剪连接件,楼面的荷载通过它传递到梁、柱上,因此又称为剪力螺栓,其规格和数量是按楼板与钢梁连接的剪力大小确定的。栓钉应与钢梁焊接。

压型钢板的跨度一般为 2~3 m,铺设在钢梁上,与钢梁之间用栓钉连接。上面浇筑的混凝土厚 100~150 mm。压型钢板组合楼板中的压型钢板承受施工时的荷载,是板底的受拉钢筋,也是楼板的永久性模板。

这种楼板简化了施工程序,加快了施工进度,并且具有较强的承载力、刚度和整体稳定性,但耗钢量较大,适用于多、高层的框架或框剪结构的建筑中。

2.预制装配式钢筋混凝土楼板

预制装配式钢筋混凝土楼板,是将楼板的梁、板预制成各种形式和规格的构件,在现场装配而成。

1)预制板的类型

预制板按截面形式可分为以下三种:

(1)实心平板(图 5-2-13)。板的两端支承在墙或梁上,板厚一般为 50~80 mm,跨度在 2.4 m 以内为宜,板宽为 500~900 mm。实心平板上下板面平整、制作简单,但自重较大、隔声效果差,宜用于跨度小的走廊板、楼梯平台板、阳台板、管沟盖板等处。

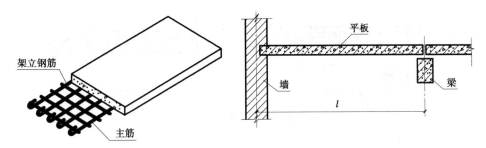

图 5-2-13 实心平板

(2)空心楼板(图 5-2-14)。根据板的受力情况,考虑隔声的要求,并使板面上下平整,可将预制板抽孔做成空心板。空心板的孔洞有矩形、方形、圆形、椭圆形等。根据板的宽度,孔数有单孔、双孔、三孔、多孔之分。目前我国预应力空心板的跨度尺寸可达到 7.2 m。板的厚度为 120~300 mm。空心板的优点是节省材料、隔声隔热性能较好,缺点是板面不能随意打洞。矩形孔较为经济,但抽孔困难;圆形孔的板刚度较好,制作也较方便,因此使用较广。

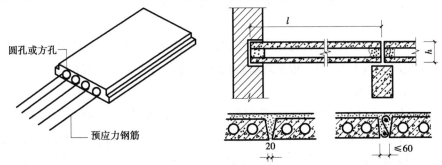

图 5-2-14 空心楼板

(3)槽形板(图 5-2-15)。当板的跨度尺寸较大时,为了减轻板的自重,根据板的受力状况,可将板做成由肋和板构成的槽形板。一般板长为 3~6 m,板肋高为 120~240 mm,板厚度为 30 mm。槽形板具有自重轻、省材料、便于在板上开洞等优点,但隔声效果差。当槽形板正放(肋朝下)时,板底不平整;槽形板倒放(肋向上)时,需在板上进行构造处理,使其平整。槽内可填轻质材料,起保温、隔声作用。槽形板正放常用作厨房、卫生间、库房等楼板。当对楼板有保温、隔声要求时,可考虑槽形板倒放。

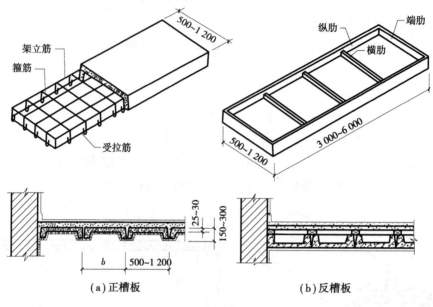

图 5-2-15 槽形板

2)预制板的结构布置

(1)预制板的结构布置原则:

①尽量减少板的规格和类型;

②为减少板缝的现浇混凝土量,应优先选用宽板,窄板可作为调剂使用;

③遇有上下水管线、烟道、通风道穿过楼板时,为防止空心板开洞过多,应尽量做成现浇钢筋混凝土板或局部现浇;

④在布置板时,空心板应避免三边简支,即板的长边不得搁置在墙体或梁上,否则会引起板的开裂。

对建筑方案进行楼板布置时,首先应根据房间的使用要求确定板的种类,再根据开间与进深尺寸确定楼板的支承方式,然后根据现有板的规格进行合理安排。板的支承方式有板式和梁板式,如图 5-2-16 所示。

(2)预制板在梁上的搁置方式。当采用梁板式支承方式时,板在梁上的搁置方案一般有两种:一种是板直接搁置在梁顶上,如图 5-2-17(a)所示;另一种是将板搁置在花篮梁或十字形梁两翼梁肩上,如图 5-2-17(b)所示。板面与梁顶相平,在梁高不变的情况下,这种方式相应地提高了室内净空高度。

3)预制板的细部构造

(1)板缝处理。为了便于板的安装铺设,板与板之间常留有 10~20 mm 的缝隙。为了加强板的整体性,板缝内需灌入细石混凝土,并要求灌缝密实,避免在板缝处出现裂缝而影响楼

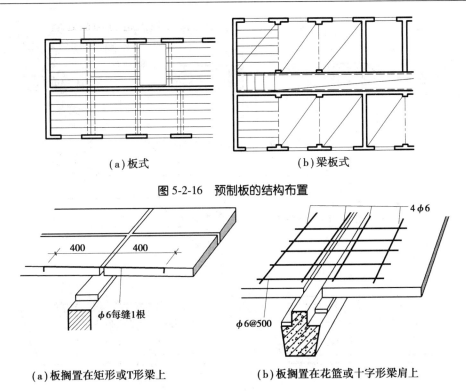

（a）板式 （b）梁板式

图 5-2-16 预制板的结构布置

（a）板搁置在矩形或T形梁上 （b）板搁置在花篮或十字形梁肩上

图 5-2-17 板在梁上的搁置

板的使用和美观。

板缝构造一般有 V 形缝、U 形缝和凹槽缝三种形式,如图 5-2-18 所示。V 形缝与 U 形缝构造简单,便于灌缝,因此应用较广;凹形缝有利于加强楼板的整体刚度,板缝能起到传递荷载的作用,使相邻板能共同工作,但施工较麻烦。

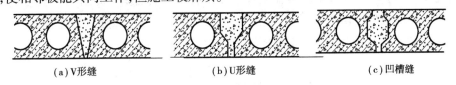

（a）V形缝 （b）U形缝 （c）凹槽缝

图 5-2-18 板缝接缝形式

（2）板缝差的调整与处理。板的排列受到板宽规格的限制,因此排板的结果常出现较大的缝隙。根据排板数量和缝隙的大小,可考虑采用调整板缝的方式解决。

当板缝差较小时,可调整增大楼板之间的缝隙。调整后的板缝隙宽度小于 50 mm 时,直接用细石混凝土浇筑,如图 5-2-19（a）所示;若调整后的板缝隙宽度大于或等于 50 mm 时,常在缝中配置钢筋再灌以细石混凝土,如图 5-2-19（b）所示。

若板缝差在 120~200 mm,或有竖向管道沿墙边穿过时,可用局部现浇带的方法解决,如图 5-2-19（c）、（d）所示;若板缝差超过 200 mm 时,需重新选择板的规格。

（3）板的锚固。为增强建筑物的整体刚度,特别是当建筑物处于地基条件较差地段或地震区时,应在板与墙及板端与板端连接处设置锚固钢筋,如图 5-2-20 所示。

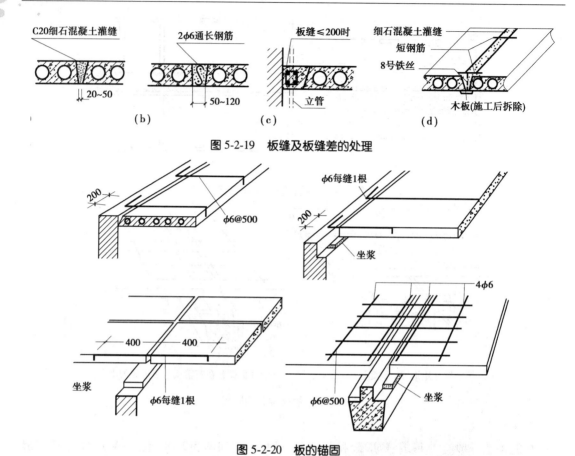

图 5-2-19　板缝及板缝差的处理

图 5-2-20　板的锚固

（4）板与墙、梁的连接构造。板支承在墙上时的搁置长度不应小于 100 mm；板支承在梁上时的搁置长度不应小于 80 mm。板在搁置前应在墙或梁上铺 20 mm 厚 M5 水泥砂浆（即坐浆），其作用是保证板的平稳和受力均匀，如图 5-2-21 所示。为增强建筑物的整体刚度和抗震性能，板与墙、梁或板与板之间可用钢筋连接，如图 5-2-22 所示。

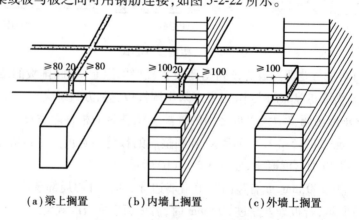

（a）梁上搁置　　（b）内墙上搁置　　（c）外墙上搁置

图 5-2-21　预制板与墙、梁的连接

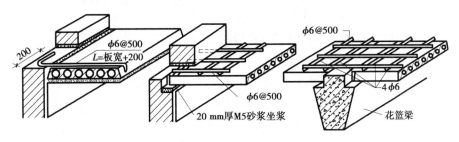

图 5-2-22 锚固钢筋的配置

3.装配整体式钢筋混凝土楼板

装配整体式钢筋混凝土楼板是先预制部分构件,然后在现场安装,再整体浇筑连成一体的楼板。它克服了现浇板消耗模板量大、预制板整体性差的缺点,整合了现浇楼板整体性好和装配式楼板施工简单、工期短的优点。装配整体式钢筋混凝土楼板按结构及构造方式,可分为密肋填充块楼板和预制薄板叠合楼板,如图 5-2-23 所示。

图 5-2-23 装配整体式钢筋混凝土楼板

(三)顶棚的构造

顶棚是指建筑物屋顶和楼层下表面的装饰构件,又称天棚、天花板。顶棚要求光洁、美观,能通过反射光照来改善室内采光及卫生状况,对某些有特殊要求的房间,还要求顶棚具有隔声、防水、保温、隔热等功能。

顶棚按饰面与基层的关系,可分为直接式顶棚和悬吊式顶棚两大类。

1.直接式顶棚

直接式顶棚是在屋面板或楼板结构底面直接喷浆和抹灰,或粘贴其他装饰材料做成的顶棚。它具有构造简单、施工方便、造价低等特点,但没有供隐蔽管线、设备的内部空间,因此用于普通建筑或空间高度受到限制的房间。

直接式顶棚按施工方法和装饰材料不同,可分为以下三种:

(1)直接刷(喷)浆顶棚:一般先在结构基体上用腻子刮平,然后涂刷(喷涂)内墙涂料,适用于形式要求简单的房间装饰。

(2)直接抹灰顶棚:指在混凝土楼板下抹水泥砂浆或石灰砂浆,表面喷涂涂料的顶棚做法。水泥砂浆抹灰的常用做法如图5-2-24(a)所示。抹灰的遍数按设计的抹灰质量等级确定,对要求较高的房间,可在底板下增加一层钢丝网,在钢丝网上再抹灰,这种做法强度高,抹灰层结合牢固,不易开裂脱落。

(3)直接粘贴式顶棚:是在楼板底面用砂浆打底找平后,用胶黏剂粘贴墙纸、泡沫塑胶板或装饰吸声板等,一般用于楼板底部平整、不需要顶棚敷设管线而装修要求又较高的房间,或有吸声、保温、隔热等要求的房间,如图5-2-24(b)所示。

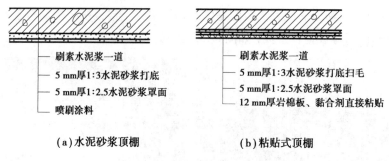

刷素水泥浆一道
5 mm厚1:3水泥砂浆打底
5 mm厚1:2.5水泥砂浆罩面
喷刷涂料

刷素水泥浆一道
5 mm厚1:3水泥砂浆打底扫毛
5 mm厚1:2.5水泥砂浆罩面
12 mm厚岩棉板、黏合剂直接粘贴

(a)水泥砂浆顶棚　　　　(b)粘贴式顶棚

图5-2-24　直接式顶棚构造做法

2.悬吊式顶棚

悬吊式顶棚是指顶棚的装饰表面悬吊于屋面板或楼板下,并与屋面板或楼板留有一定距离的顶棚,俗称吊顶。

悬吊式顶棚按龙骨材料不同,可分为木龙骨悬吊式顶棚、轻钢龙骨悬吊式顶棚、铝合金龙骨悬吊式顶棚等。悬吊式顶棚主要由吊筋、龙骨、面板三部分组成。

1)吊筋

吊筋是连接龙骨与楼板的承重传力构件,其作用是承受吊顶面层和龙骨的荷载,并将这一荷载传递给屋面板、楼板或屋架等构件。利用吊筋还能调节吊顶的悬挂高度,满足不同的吊顶要求。吊筋的材料和形式与吊顶的荷载和龙骨形式有关,常用的吊筋可采用直径不小于4~6 mm的圆钢,也可采用40 mm×40 mm或50 mm×50 mm的方木。吊筋与屋面板或楼板的连接固定方式有预埋钢筋锚固、预埋锚件锚固、膨胀螺栓锚固和射钉锚固等,如图5-2-25所示。

2)龙骨

龙骨又称隔栅,与吊筋连接,承担吊顶的面层荷载,并为面层装饰板提供安装节点。吊顶龙骨一般由主龙骨、次龙骨和小龙骨组成。主龙骨由吊筋固定在屋面板或楼板等构件上,次龙骨固定在主龙骨上,小龙骨固定在次龙骨上并起支承和固定面板的作用。龙骨按材料有木龙骨和金属龙骨,常用的金属龙骨有铝合金龙骨和轻钢龙骨。

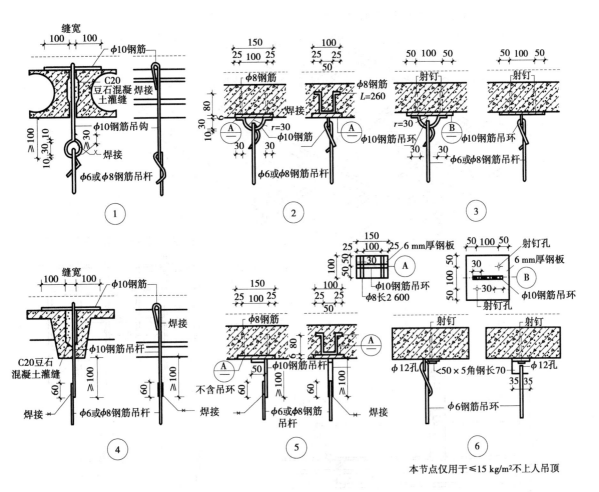

图 5-2-25 吊杆安装构造详图

3) 面板

吊顶的面板分为抹灰类、板材类和隔栅类,其作用是装饰室内,满足使用功能。抹灰面层为湿作业,有板条抹灰、板条钢丝网抹灰等;板材面层有木质板、防火石膏板、铝合金板等。隔栅类面层吊顶也称为开敞式吊顶,有木隔栅、金属隔栅和灯饰隔栅等。隔栅类吊顶具有既遮又透的效果,可减少吊顶的压抑感。

明装 T 形铝合金龙骨吊顶构造如图 5-2-26 所示。

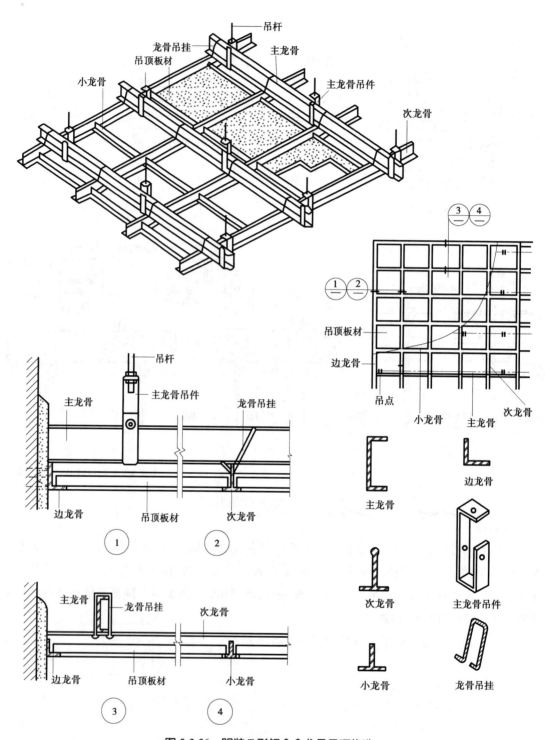

图 5-2-26　明装 T 形铝合金龙骨吊顶构造

拓展与提高

常见饰面层的悬吊式顶棚

(一)木质(植物)板材吊顶构造

木质顶棚的面层材料是实木条板和各种人造板(胶合板、木丝板、刨花板、填芯板等)。其特点是构造简单、施工方便,具有自然、亲切、温暖、舒适的感觉。

1)实木条板顶棚

实木顶棚基本构造:结构层下间距1 m左右固定吊杆;吊杆上固定主龙骨;面层条板与主龙骨呈垂直状固定。

实木条板的拼缝形式有企口平铺、离缝平铺、嵌榫平铺、鱼鳞斜铺等。

2)人造木板顶棚

基本构造:结构层下固定吊杆;龙骨呈格子状固定在吊杆下,分格大小与板材规格协调;面板与龙骨固定。

吊顶龙骨一般用木材制作,分格大小应与板材规格相协调。为了防止植物板材因吸湿而产生凹凸变形,面板宜锯成小块板铺钉在次龙骨上,板块接头必须留3~6 mm的间隙作为预防板面翘曲的措施。板缝形状根据设计要求可做成密缝、斜槽缝、立缝等形式,如图5-2-27所示。

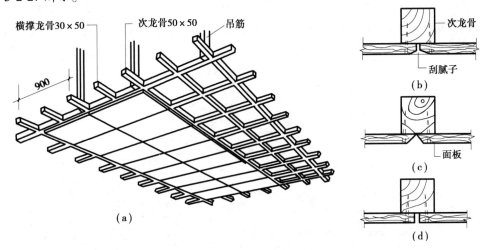

图5-2-27 木质板材吊顶构造

(二)矿物板材吊顶构造

矿物板材吊顶常用石膏板、石棉水泥板、矿棉板等板材作面层,轻钢或铝合金型材作龙骨。这类吊顶的优点是自重轻、施工安装快、无湿作业、耐火性能优于植物板材吊顶和抹灰吊顶,故在公共建筑或高级工程中应用较广。轻钢和铝合金龙骨的布置方式有龙骨外露和不露龙骨两种。

(1)龙骨外露的布置方式,如图 5-2-28 所示。

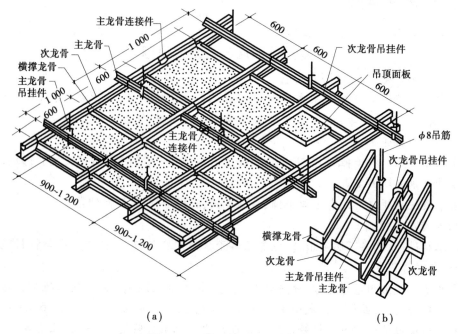

图 5-2-28 龙骨外露吊顶的构造

(2)不露龙骨的布置方式。这种布置方式的主龙骨仍采用槽形断面的轻钢型材,但次龙骨采用 U 形断面轻钢型材,用专门的吊挂件将次龙骨固定在主龙骨上,面板用自攻螺钉固定于次龙骨上,如图 5-2-29 所示。

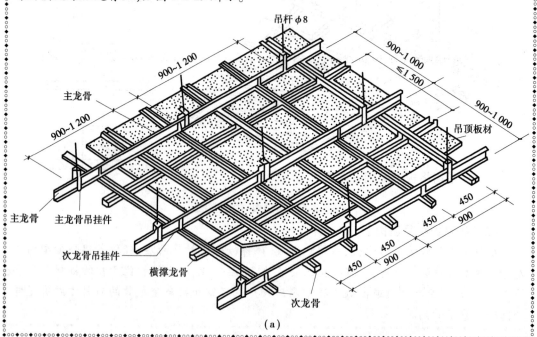

(a)

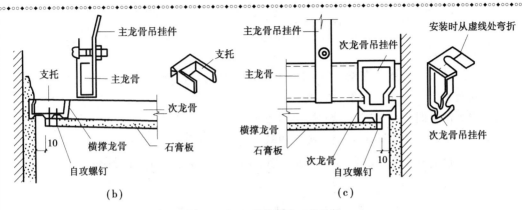

图 5-2-29　不露龙骨吊顶的构造

(三)金属板材吊顶构造

金属板材吊顶常采用铝合金板、薄钢板等金属板材。铝合金板表面作电化铝饰面处理,薄钢板表面可用镀锌、涂塑、涂漆等防锈饰面处理。金属板有打孔和不打孔的条形、矩形等型材。其特点是自重轻、色泽美观大方、质感独特、构造简单、安装方便、耐火等。

 思考与练习

(一)单项选择题

1.单向板的受力钢筋应在( )方向布置。

A.短边 　　　B.长边 　　　C.短边长边均可 　　　D.任意方向

2.( )常用于跨度为 10 m 左右、长短边之比小于 1.5 的公共建筑的门厅、大厅、会议室等。

A.板式楼板 　　B.梁板式楼板 　　C.井式楼板 　　　D.无梁楼板

3.顶棚按饰面与基层的关系,可分为直接式顶棚与( )两大类。

A.直接喷刷式 　　B.直接抹灰式 　　C.贴面式 　　　D.悬吊式

4.梁与墙之间呈正交布置的井式梁称为( )。

A.正井式 　　　B.斜井式 　　　C.井式 　　　D.无梁式

5.( )是指将板直接搁置在墙上的楼板。

A.板式楼板 　　B.梁板式楼板 　　C.井式楼板 　　　D.无梁楼板

(二)多项选择题

1.木地面按构造方式分( )三种。

A.架空 　　　B.实铺 　　　C.粘贴 　　　D.直接 　　　　E.悬吊

2.现浇式钢筋混凝土楼板根据受力和传力情况分为( )。

A.板式楼板 　　B.梁板式楼板 　　C.井式楼板 　　　D.无梁楼板

E.压型钢板组合楼板

3.常见地面做法有( )。

A.水泥砂浆地面   B.细石混凝土地面   C.水磨石地面

D.地面砖地面   E.木地面

(三)判断题

1.单梁式楼板是板搁置在梁上,梁搁置在墙上或柱上的构造形式。   (   )

2.单向板是指长宽比不小于2的板。   (   )

3.布置预制板时应尽量减少板的规格和数量。   (   )

4.顶棚按构造方式不同可分为直接式和悬吊式顶棚两种。   (   )

5.板式楼板底面平整、美观、施工方便,适用于小跨度房间,如走廊、厕所、厨房。   (   )

任务三 了解阳台与雨篷

任务描述与分析

　　阳台是连接室内的室外平台,给人们提供一个舒适的室外活动空间。雨篷是建筑物外墙出入口上方用于挡雨并有一定装饰作用的水平构件。

　　本任务的具体要求:了解阳台、雨篷的类型;了解阳台、雨篷的细部构造。

知识与技能

(一)阳台

1.阳台的类型

　　(1)按其与外墙的相对位置不同,阳台分为挑阳台、凹阳台、半挑半凹阳台、转角阳台4种,如图5-3-1所示。

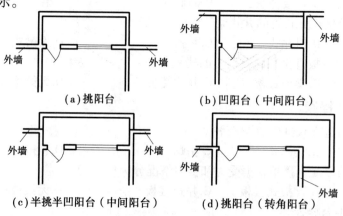

图5-3-1　阳台的类型

（2）按结构不同,阳台可分为墙承式、悬挑式、挑梁式,如图 5-3-2 所示。

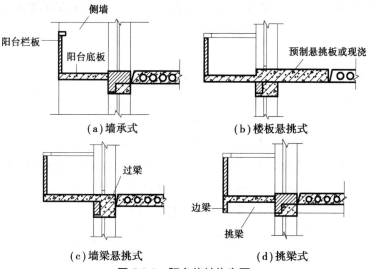

（a）墙承式　　　（b）楼板悬挑式

（c）墙梁悬挑式　　　（d）挑梁式

图 5-3-2　阳台的结构布置

（3）按使用功能不同,阳台可分为生活阳台(靠近卧室或客厅)和服务阳台(靠近厨房)。

（4）按施工方法不同,阳台可分为现浇阳台和预制装配阳台。

2.阳台的细部构造

1)栏杆(栏板)

栏杆是在阳台外围设置的竖向构件,可承担人们推倚的侧向力,以保证人的安全,同时对建筑物起装饰作用,因此要求栏杆的构造应坚固和美观。栏杆的高度应高于人体的重心,6 层及 6 层以下住宅的阳台栏杆净高不应低于 1 050 mm,7 层及 7 层以上住宅的阳台栏杆净高不应低于 1 100 mm,如图 5-3-3 所示。

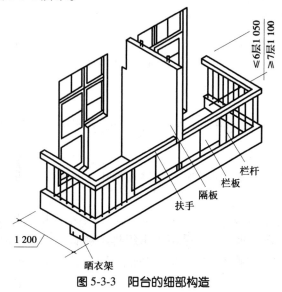

图 5-3-3　阳台的细部构造

2)扶手

扶手是供人手扶使用的,常用的有金属和钢筋混凝土两种。金属扶手一般为钢管与金属栏杆焊接。钢筋混凝土扶手应用广泛,形式多样,一般直接用作栏杆压顶,宽度有 80 mm,120 mm,160 mm。当扶手上需放置花盆时,需在外侧设保护栏杆,一般高 180~200 mm,花台净宽为240 mm。

3.阳台排水

由于阳台为室外构件,须采取措施保证地面排水通畅。阳台地面的设计标高应比室内地面低 30~50 mm,以防止雨水流入室内,并以不小于 1% 的坡度坡向排水口。

阳台排水有外排水和内排水两种。外排水是在阳台外侧设置泄水管将水排出,泄水管设置 φ40~50 镀锌铁管或塑料管水舌,外挑长度不少于 80 mm,以防雨水溅到下层阳台,如图 5-3-4(a)所示。外排水适用于低层和多层建筑。内排水是在阳台内侧设置排水立管和地漏,将雨水直接排入地下管网,如图 5-3-4(b)所示。内排水适用于高层建筑和标准较高的建筑。

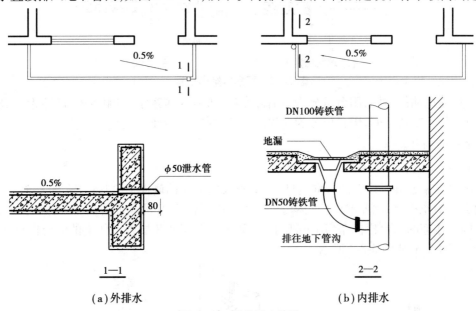

（a）外排水　　　　　　　　　　（b）内排水

图 5-3-4　阳台排水构造

（二）雨篷

雨篷是设在建筑物出入口或顶部阳台上方用来挡雨、挡风、防高空落物的一种建筑构件。

1.雨篷的构造

根据雨篷板的支承方式不同,有悬板式雨篷和梁板式雨篷两种。

1)悬板式雨篷

悬板式雨篷外挑长度一般为 0.9~1.5m,板根部厚度不小于挑出长度的 1/12,雨篷宽度比洞口每边宽 250 mm。雨篷排水方式可采用无组织排水和有组织排水两种。雨篷板底抹灰可抹 15 mm 厚 1:2水泥砂浆(内掺 5%防水剂)的防水砂浆,多用于次要出入口。悬板式雨篷构造如图 5-3-5(a)所示。

2)梁板式雨篷

梁板式雨篷适用于洞口尺寸较大、雨篷挑出尺寸也较大时。梁板式雨篷由梁和板组成,为使雨篷底面平整,梁一般翻在板的上面成翻梁,如图 5-3-5 (b)所示。当雨篷尺寸更大时,可在雨篷下面设柱支撑。

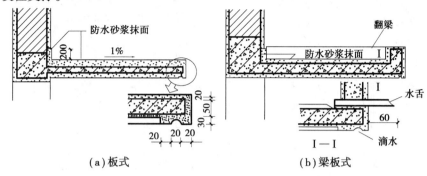

（a）板式   （b）梁板式

图 5-3-5 雨篷

2.雨篷防水和排水

雨篷顶面应做好防水和排水处理,如图 5-3-6 所示。一般采用 20 mm 厚的防水砂浆抹面进行防水处理,防水砂浆应沿墙面上升,高度不小于 250 mm,同时在板的下部边缘做滴水,防止雨水沿板底漫流。雨篷顶面需设置 1% 的排水坡,并在一侧或双侧设排水管将雨水排出。为了立面需要,可将雨水由雨水管集中排出,这时雨篷外缘上部须做挡水边坎。

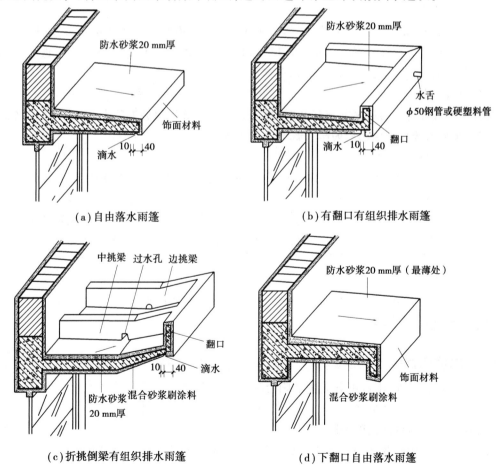

（a）自由落水雨篷   （b）有翻口有组织排水雨篷

（c）折挑倒梁有组织排水雨篷   （d）下翻口自由落水雨篷

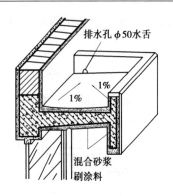 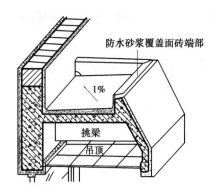

（e）上下翻口有组织排水雨篷　　　　　　（f）下挑梁有组织排水悬吊顶雨篷

图 5-3-6　雨篷防水和排水处理

拓展与提高

阳台的设计要求

1）安全适用

悬挑阳台的挑出长度不宜过大，应保证在荷载作用下不发生倾覆现象，以 1.2~1.8 m 为宜。阳台栏杆形式应防坠落（垂直栏杆间净距不应大于 110 mm）、防攀爬（不设水平栏杆），以免造成恶果。放置花盆处，也应采取防坠落措施。

2）坚固耐久

阳台所用材料和构造措施应经久耐用，承重结构宜采用钢筋混凝土，金属构件应作防锈处理，表面装修应注意色彩的耐久性和抗污染性。

3）排水顺畅

为防止阳台上的雨水流入室内，设计时要求将阳台地面标高低于室内地面标高 30~50 mm，并将阳台地面抹出 5‰ 的排水坡将水导入排水孔，使雨水能顺利排出。

阳台设计还应考虑地区的气候特点。南方地区宜采用有助于空气流通的空透式栏杆，而北方寒冷地区和中高层住宅应采用实体栏杆，并满足立面美观的要求。

思考与练习

（一）单项选择题

1.按使用功能不同，阳台可分为生活阳台和（　　）阳台。

A.工作　　　　　B.服务　　　　　C.现浇　　　　　D.预制

2.悬板式雨篷的悬挑长度一般为（　　）。

A.700~1 500 mm　B.800~1 200 mm　C.900~1 500 mm　D.700~1 200 mm

3.7层及7层以上住宅阳台栏杆净高不应低于(　　　)。

A.900 mm　　　　B.1 050 mm　　　　C.1 100 mm　　　　D.1 200 mm

(二)多项选择题

1.阳台按与外墙的相对位置分为(　　　)四类。

A.挑阳台　　　　B.半挑半凹阳台　　　C.凹阳台　　　D.直角阳台　　　E.转角阳台

2.根据雨篷板的支承方式不同,有(　　　)两种。

A.悬板式雨篷　　　B.板式雨篷　　　C.无梁式雨篷　　　D.现浇雨篷　　　E.梁板式雨篷

(三)判断题

1.阳台和雨篷多采用悬挑式结构。　　　　　　　　　　　　　　　　　　　　(　　　)

2.栏杆的高度应高于人体的重心,一般不宜低于1.05 m,多高层建筑不应低于1.2 m。

(　　　)

3.阳台地面的设计标高应比室内地面低50~70 mm,防止雨水流入室内。　　(　　　)

考核与鉴定五

(一)单项选择题

1.现浇水磨石地面常嵌固分格条(玻璃条、铜条等),其目的是(　　　)。

A.防止面层开裂　　　　　　　B.方便施工

C.防止面层不起灰　　　　　　D.避免出现不规则裂缝

2.预制板侧缝间需用细石混凝土灌注,当缝宽大于(　　　)时,需在缝内配纵向钢筋。

A.30 mm　　　　B.50 mm　　　　C.60 mm　　　　D.65 mm

3.下面属整体地面的是(　　　)。

A.釉面地砖地面和抛光砖地面　　　　B.抛光砖地面和水磨石地面

C.水泥砂浆地面和抛光砖地面　　　　D.水泥砂浆地面和水磨石地面

4.楼板层通常由(　　　)组成。

A.面层、楼板、地坪　　　　　　B.面层、楼板、顶棚

C.支撑、楼板、顶棚　　　　　　D.垫层、梁、楼板

5.根据使用材料的不同,楼板可分为(　　　)。

A.木楼板、钢筋混凝土楼板、压型钢板组合楼板

B.钢筋混凝土楼板、压型钢板组合楼板、空心板

C.肋梁楼板、空心板、压型钢板组合楼板

D.压型钢板组合楼板、木楼板、空心板

6.根据钢筋混凝土楼板的施工方法不同,可分为(　　　)。

A.现浇式、梁式、板式　　　　　　B.板式、装配整体式、梁板式

C.装配式、装配整体式、现浇式　　D.装配整体式、梁板式、板式

7.常用的预制钢筋混凝土楼板,根据其截面形式可分为(　　　)。

A.平板、组合式楼板、空心板　　　　B.槽形板、平板、空心板

C.空心板、组合式楼板、平板　　　　D.组合式楼板、肋梁楼板、空心板

8.预制板的支承方式有(　　　)。

A.直板式和曲板式　　　　　　　　B.板式和直板式

C.梁式和曲梁式　　　　　　　　　D.板式和梁板式

9.预制钢筋混凝土楼板间应留缝隙的原因是(　　　)。

A.板宽规格的限制,实际尺寸小于标志尺寸

B.有利于预制板的制作

C.有利于加强板的强度

D.有利于房屋整体性的提高

10.现浇肋梁楼板由(　　　)现浇而成。

A.混凝土、砂浆、钢筋　　　　　　B.柱、次梁、主梁

C.板、次梁、主梁　　　　　　　　D.砂浆、次梁、主梁

11.根据受力状况的不同,现浇肋梁楼板可分为(　　　)。

A.单向板肋梁楼板和多向板肋梁楼板

B.单向板肋梁楼板和双向板肋梁楼板

C.双向板肋梁楼板和三向板肋梁楼板

D.有梁楼板和无梁楼板

12.无梁楼板用于(　　　)。

A.任何情况　　　　　　　　　　　B.楼面荷载较大的公共建筑

C.跨度 10 m 左右　　　　　　　　D.长短边之比小于 1.5 的公共建筑

13.阳台按功能不同,可分为(　　　)。

A.凹阳台和凸阳台　　　　　　　　B.生活阳台和服务阳台

C.封闭阳台和开敞阳台　　　　　　D.生活阳台和工作阳台

14.无梁板柱网布置,柱间距宜为(　　　)。

A.6 m　　　　　　B.8 m　　　　　　C.10 m　　　　　　D.12 m

15.雨篷的悬挑长度一般为(　　　)。

A.0.7~1.5 m　　　B.0.8~1.2 m　　　C.0.9~1.5 m　　　D.0.7~1.2 m

(二)多项选择题

1.地面按其材料和做法不同可分为(　　　)。

A.整体地面　　　B.块材地面　　　C.卷材类地面　　　D.水泥地面　　　E.木地面

2.木地面按其构造方式分为(　　　)。

A.实铺　　　　　B.架空　　　　　C.拼接　　　　　D.粘贴　　　　　E.砌筑

3.楼板层是由(　　　)部分组成。

A.面层　　　　　B.结构层　　　　C.结合层　　　　D.顶棚　　　　　E.附加层

4.阳台的结构布置可采用(　　　)方式。

A.挑梁式　　　　B.挑板式　　　　C.压梁式　　　　D.梁板式　　　　E.墙承式

5.阳台的设计要求( )。

A.安全适用   B.坚固耐久   C.排水顺畅   D.布局合理   E.美观大方

(三)判断题

1.板在搁置前应在墙或梁上铺 20 mm 厚的 M10 水泥砂浆,即坐浆。   ( )

2.地面的垫层要有足够的厚度并坚固耐久,一般采用 60~100 mm 厚 C15 混凝土垫层。

( )

3.柔性垫层如砂、碎石、炉渣等松散材料,无整体刚度,受力后产生变形,多用于块料地面。

( )

4.钢筋混凝土楼板具有强度高、刚度大、耐久性和耐火性差的特点。   ( )

5.当板的长边与短边之比大于 2 时,板基本上沿长边方向传递荷载,这种板称为单向板。

( )

6.预制板的侧缝构造一般有 V 形缝、U 形缝和凹槽缝三种形式。   ( )

7.预制板支承在墙上时的搁置长度不应小于 100 mm。   ( )

8.预制板支承在梁上时的搁置长度不应小于 80 mm。   ( )

9.阳台排水有外排水和内排水两种。   ( )

10.阳台地面的设计标高应比室内地面低 30~50 mm,以防止雨水流入室内,并以不小于 1%的坡度坡向排水口。   ( )

模块六　垂直交通设施

当建筑物的内部有两层及两层以上时,各个不同楼层之间需设置上下交通联系的设施,这些设施有楼梯、电梯、自动扶梯、坡道、台阶等。本模块主要有4个学习任务:了解楼梯的作用和分类;掌握楼梯的组成与尺寸要求;理解钢筋混凝土楼梯的构造;了解其他垂直交通设施。

 ## 学习目标

(一)知识目标

1.了解楼梯的作用和分类;
2.掌握楼梯的组成与尺寸要求;
3.理解钢筋混凝土楼梯的构造;
4.了解电梯与自动扶梯。

(二)技能目标

1.能为建筑物选择合适的楼梯;
2.能依据标准设计图集,读懂楼梯图纸;
3.会区分现浇和预制钢筋混凝土楼梯的构造形式和构造做法;
4.能区分不同类型的电梯、自动扶梯;
5.能熟知室外台阶与坡道的组成及要求,并正确选用室外台阶与坡道的形式。

(三)职业素养目标

1.培养安全意识和质量意识;
2.养成查阅规范和标准图集的习惯;
3.培养团队合作与创新意识。

任务一　了解楼梯的作用和分类

任务描述与分析

　　楼梯作为竖向交通和人员紧急疏散的主要交通设施,在房屋建筑中使用最为广泛。楼梯的种类繁多,形式多样。

　　本任务的具体要求:了解楼梯的作用和分类;为不同功能的建筑物选择合适的楼梯。

知识与技能

(一)楼梯的作用

　　楼梯作为建筑物主要的垂直交通设施,首要的作用是联系上下交通;其次,楼梯作为建筑物主体结构一部分,还起着承重的作用;另外,楼梯还具有安全疏散、美观装饰等功能。设有电梯或自动扶梯等垂直交通设施的建筑物也必须同时设置楼梯。楼梯要求坚固、耐久、安全、防火,上下通行方便,便于搬运物品,有足够的通行宽度和疏散能力。

(二)楼梯的类型

　　建筑中楼梯的形式、种类较多,一般可按以下几个方面进行分类:

　　(1)按楼梯的材料分,有钢筋混凝土楼梯、钢楼梯、木楼梯和组合材料楼梯。

　　(2)按楼梯的施工方法分,有现浇楼梯和预制装配式楼梯。

　　(3)按楼梯的位置分,有室内楼梯和室外楼梯。

　　(4)按楼梯的使用性质分,有主要楼梯、辅助楼梯、安全楼梯和消防楼梯。

　　(5)按楼梯间的平面形式分,有开敞楼梯间、封闭楼梯间。

　　(6)按楼梯的构造形式分,有单跑楼梯、双跑楼梯、三跑楼梯、平行双分式楼梯、平行双合式楼梯、转角式楼梯、交叉式楼梯、弧形楼梯、螺旋楼梯等,如图6-1-1所示。

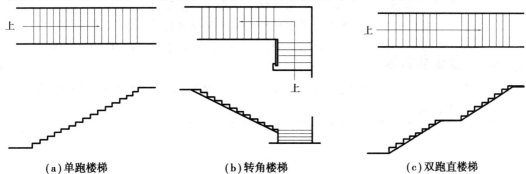

(a)单跑楼梯　　　　　　　　　(b)转角楼梯　　　　　　　　　(c)双跑直楼梯

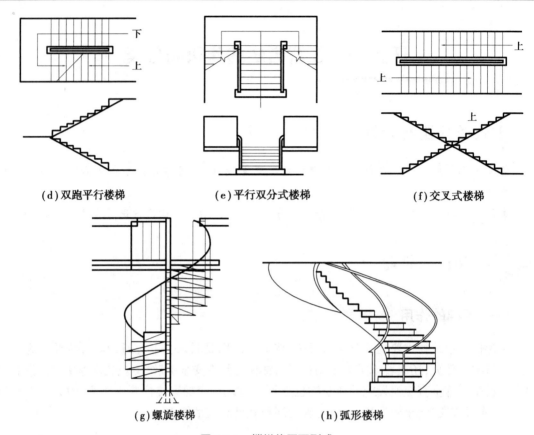

(d)双跑平行楼梯　　　　　　(e)平行双分式楼梯　　　　　　(f)交叉式楼梯

(g)螺旋楼梯　　　　　　(h)弧形楼梯

图 6-1-1　楼梯的平面形式

 拓展与提高

(一)平行双分/双合式楼梯

平行双分式楼梯是指楼梯第一跑在中间,为一段较宽梯段,经过休息平台后,向两边分为两跑,各以第一跑一半的梯段宽上至楼层;平行双合式楼梯是指第一跑为两个平行的较窄的梯段,经过休息平台后,合成一个宽度为第一跑两个梯段之和的梯段上至楼层。

(二)各种类型楼梯的使用范围

(1)单跑、双跑楼梯常用于住宅,单跑楼梯主要用于层高不大的建筑。

(2)平行双分式和平行双合式楼梯常用于人流多的公共建筑。

(3)转角式楼梯充分利用了房间的空间,一般布置在房间的一角,常用于室内楼梯和公共建筑。

(4)弧形、螺旋楼梯因其造型美观、节省空间而受欢迎,但不能用于疏散楼梯,不适用于人群密度大的场所。

(三)识别楼梯类型

请按楼梯的平面形式识别下列楼梯,并将名称写于括号内。

（　　　　）　　　（　　　　）　　　（　　　　）

（　　　　）　　　（　　　　）　　　（　　　　）

（　　　　）　　　（　　　　）　　　（　　　　）

思考与练习

（一）单项选择题

1.楼梯的主要作用是(　　)。

A.承重　　　　　B.围护　　　　　C.交通联系　　　　D.眺望

2.在居住类建筑中应用最广泛的楼梯是(　　)。

A.木楼梯　　　　　　　　　B.钢楼梯

C.钢筋混凝土楼梯　　　　　D.石楼梯

3.在教学楼中应用最广泛的楼梯是(　　)。

A.单跑式楼梯　　B.交叉式楼梯　　C.双分式楼梯　　D.螺旋楼梯

（二）多项选择题

1.楼梯按使用性质可分为(　　)。

A.主要楼梯　　　B.辅助楼梯　　　C.双跑楼梯　　　D.消防楼梯　　　E.螺旋楼梯

2.按楼梯的构造形式分,有(　　)等。

A.单跑楼梯　　　B.双跑直楼梯　　C.双跑平行楼梯　　D.平行双分式楼梯

E.平行双合式楼梯

（三）判断题

1.楼梯是联系上下各层的垂直交通设施。　　　　　　　　　　　　　　(　　)

2.双跑直楼梯和双跑平行楼梯没有区别。　　　　　　　　　　　　　　(　　)

3.螺旋楼梯适用于人群密度大的场所。　　　　　　　　　　　　　　　(　　)

任务二　掌握楼梯的组成与尺寸要求

 任务描述与分析

　　楼梯主要由楼梯段、平台、栏杆(板)和扶手组成。为了满足使用性质,符合人流通行的要求,各组成部分都有相应的尺寸要求和规定。

　　本任务的具体要求:掌握楼梯的组成和尺寸要求;理解楼梯的细部构造;设计一个已知层高、进深、开间等尺寸的楼梯。

 知识与技能

（一）楼梯的组成

楼梯一般由楼梯段、平台、栏杆(或栏板)和扶手三部分组成,如图6-2-1所示。

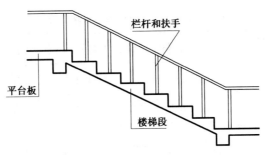

图 6-2-1 楼梯的组成

1.楼梯梯段

设有踏步供楼层间上下行走的构件称为梯段。梯段是楼梯的主要使用和承重部分。

2.楼梯平台

连接楼梯段之间的水平板称为平台。平台用来连接楼层、转换梯段方向和行人休息。楼梯平台有楼层平台、中间平台之分。中间平台又称休息平台,介于两个楼层之间。楼层平台与楼层地面标高平齐。

3.栏杆和扶手

栏杆是楼梯的安全设施,一般设置在梯段的边缘和平台临空的一边,要求坚固可靠,并保证有足够的安全高度。

(二) 楼梯的尺寸要求

1.楼梯的坡度与踏步尺寸

楼梯的坡度是指梯段的坡度,一般坡度在 20°～45°,适宜的坡度为 30°左右。坡度小于20°时,可做成坡道;坡度大于45°时,可做成爬梯。楼梯段踏步的数量一般不少于 3 级,不多于18 级。

楼梯的坡度取决于踏步的高度与宽度之比,因此必须选择合适的踏步尺寸以控制坡度。踏步高度(踢面)与人们的步距有关,踏步宽度(踏面)则应与人的脚长相适应。确定和计算踏步尺寸的方法和公式有很多,通常采用以下经验公式,即:

$$2h+b=600～630 \text{ mm} \quad 或 \quad h+b=450 \text{ mm}$$

式中,h 为踏步高度;b 为踏步宽度;600～630 mm 为一般人行走时的平均步距。

民用建筑中,楼梯踏步的最小宽度与最大高度的限制值见表 6-2-1。

2.楼梯的宽度

楼梯的宽度包括楼梯梯段净宽和平台的宽度。

楼梯梯段净宽是指墙面装饰面至扶手中心线之间的水平距离。住宅建筑中楼梯的楼梯段净宽要求见表 6-2-1。

楼梯平台的宽度是指墙面到转角扶手中心线的距离,它的宽度应不小于楼梯段的宽度,并不小于 1.2 m,以确保通过楼梯段的人流和货物能顺利通过楼梯平台。

表 6-2-1　常用住宅楼梯基本技术要求　　　　单位:mm

楼梯类别	在限定条件下对楼梯梯段净宽及踏步的要求			
	限定条件	楼梯梯段净宽	踏步高度	踏步宽度
公用楼梯	7 层及 7 层以上建筑	≥1 100	≤175	≥260
	6 层及 6 层以下建筑一边设有栏杆	≥1 100		
套内楼梯	一边临空时	≥750	≤200	≥220
	两侧有墙时	≥900		

3.楼梯井尺寸

楼梯井是指两个梯段之间的空隙,其宽度一般为 100 mm。当梯井宽度大于 110 mm 时,必须采取防止儿童攀爬的措施。

4.净空高度

净空高度是指由楼梯踏面前缘线至上一段楼梯底面或平台下面的突出构件下缘间的垂直距离。楼梯的净空高度包括楼梯段的净高和平台过道处的净高。楼梯段的净空高度不宜小于 2 200 mm,平台过道处的净空高度不宜小于 2 000 mm,如图 6-2-2 所示。

当楼梯底层中间平台下部作通道时,为使平台净高满足要求,常采用以下几种处理方法:

(1)降低底层楼梯中间平台下的地面标高,即将部分室外台阶移至室内,如图 6-2-3(a)所示。降低后的室内地面标高至少应比室外地面高出一级台阶的高度,即 100~150 mm;

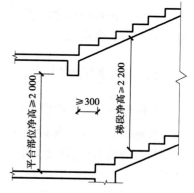

图 6-2-2　楼梯净空高度要求

同时,移至室内的台阶前缘线与顶部平台梁的内边缘之间的水平距离不应小于 300 mm。

(2)增加楼梯底层第一梯段踏步数量,即抬高底层中间平台,如图 6-2-3(b)所示。

(3)将上述两种方法结合,即降低楼梯中间平台下的地面标高的同时增加楼梯底层第一梯段的踏步数量,如图6-2-3(c)所示。另外,也可考虑采用其他办法,如底层采用直跑楼梯等,如图 6-2-3(d)所示。

5.楼梯栏杆扶手高度

楼梯栏杆扶手高度是指踏步前沿至扶手顶面的垂直距离。楼梯栏杆扶手高度与楼梯的坡度和使用要求有关。室内楼梯栏杆扶手高度不小于 900 mm,当水平段栏杆长度大于 500 mm 时,其高度不小于 1 050 mm。楼梯栏杆扶手用于室外时,6 层及 6 层以下住宅栏杆扶手净高不小于 1 050 mm,7 层及以上不小于 1 100 mm。

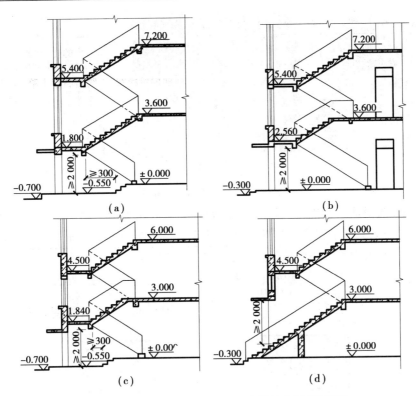

图 6-2-3　楼梯底层中间平台下做通道的几种处理方法

(三) 楼梯的细部构造

1.踏步

踏步由踏面和踢面组成。一般情况下,踏面与踢面的宽度比宜为 2:1。当踏步宽度过大时,将导致梯段长度增加;而踏步宽度过窄时,人们行走时会发生危险。常在踏步边缘突出 20 mm 或向外倾斜 20 mm,形成斜面,使得在梯段总长度不变情况下增加踏面宽,如图 6-2-4 所示。一般踏步的挑出长度为 20~30 mm。

底层楼梯的第一级踏步常做成特殊的样式,以增加美观;栏杆或栏板也有变化,以增加多样性,如图 6-2-5 所示。

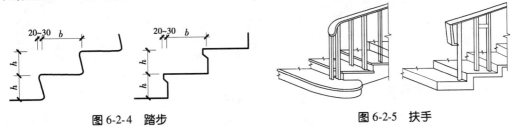

图 6-2-4　踏步　　　　　　　　　　　图 6-2-5　扶手

由于楼梯人流量大、使用率高,在考虑踏步面层装修做法时,应选择耐磨、美观、不起尘的材料。根据造价和装修标准不同,常用的有水泥豆石面层、普通水磨石面层、彩色水磨石面层、缸砖面层、大理石面层、花岗石面层等,还可在面层上铺设地毯,如图 6-2-6 所示。

| （a）大理石踏步 | （b）花岗石踏步 | （c）缸砖踏步 |

图6-2-6　踏步面层装修做法

踏面应采取防滑或耐磨措施,通常在踏面做防滑条或防滑槽。防滑条常用的材料有金属条(铸铁、铝条、铜条)、带防滑条缸砖等。防滑条应凸出踏步面 2~3 mm,不能太高,太高会使行走不便。常见水泥面和缸砖面踏步防滑条如图 6-2-7 所示。

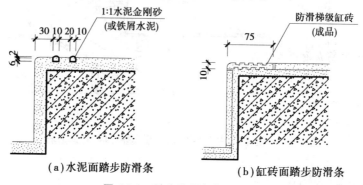

| （a）水泥面踏步防滑条 | （b）缸砖面踏步防滑条 |

图6-2-7　踏步防滑条构造做法

2. 栏杆

栏杆多采用方钢、圆钢、钢管等材料,常见的形式有空花式、栏板式、混合式等,如图 6-2-8 所示。

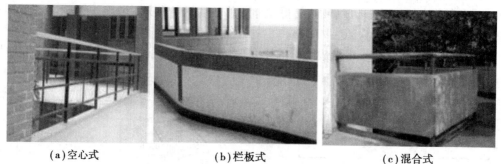

| （a）空心式 | （b）栏板式 | （c）混合式 |

图6-2-8　栏杆形式

为了保证安全,通常栏杆的垂直构件之间的净间距不应大于 110 mm,为了防止儿童攀爬,不应设置水平横杆。栏杆与梯段、踏步、平台的连接方式有锚接、焊接和栓接三种。

3.扶手

栏杆和栏板上部需设置扶手,供人们上下楼梯时倚扶之用。扶手应光滑、手感舒适。扶手的材料有木、钢管、不锈钢、铝合金、塑料等。

 拓展与提高

楼梯设计

楼梯设计应根据使用要求选择合适的楼梯形式,布置恰当的位置;根据使用性质、人流通行情况及防火规范,综合确定楼梯的梯段宽度和踏步数量;根据使用对象和场所,选择合适的坡度;同时,楼梯设计还应符合相关规范的规定。

例:已知开敞式双跑楼梯,层高为 3 000 mm,开间为 3 300 mm,进深为 5 100 mm,内外墙厚均为 240 mm,试设计该楼梯。

步骤如下:

(1)确定踏步高 h 和踏步宽 b。取 $h=150$ mm,$b=300$ mm。

(2)确定楼梯段的宽度 B。楼梯间的净宽为$(3\ 300-2\times120)$ mm$=3\ 060$ mm,取梯井宽为 100 mm,则楼梯段宽 $B=(3\ 060-100)$ mm$/2=1\ 480$ mm。

(3)确定踏步级数 n。$n=3\ 000/150=20$ 级,双跑,每跑 10 级。

(4)确定楼梯段水平投影长度 L。$L=300$ mm$\times(10-1)=2\ 700$ mm。

(5)确定休息平台宽度 D。$D=(1\ 480+150)$ mm$=1\ 630$ mm。

(6)校核楼梯净空高度、楼梯间进深是否符合要求。层高为 3 000 mm,符合楼梯段的净空高度不宜小于 2 200 mm,平台过道处的净空高度不宜小于 2 000 mm 的要求;1 630 mm(休息平台宽度)+2 700 mm(楼梯段水平投影长度)$=4\ 330$ mm$<$进深$(5\ 100-120)$ mm$=4\ 980$ mm,楼梯为开敞式,符合要求。

注:计算结果比已知的楼梯间进深小,通常只需调整平台宽度;当计算结果大于已知的楼梯间进深,而平台宽度又无调整余地时,应调整踏步尺寸,按以上步骤重新计算,直到与已知的楼梯间尺寸一致为止。

 思考与练习

(一)单项选择题

1.楼梯坡度范围一般为(　　)。

A.20°~45°　　　　B.10°~20°　　　　C.10°~45°　　　　D.30°~50°

2.楼梯平台的宽度应大于或等于梯段宽,且不小于(　　)mm。

A.900　　　　B.1 000　　　　C.1 100　　　　D.1 200

3.平台过道处的净空高度应不小于(　　)mm。

A.2 000　　　　　B.2 100　　　　　C.2 200　　　　　D.2 400

4.室内楼梯扶手高度一般不小于(　　)mm。

A.600　　　　　B.800　　　　　C.900　　　　　D.1 000

5.每段梯段的踏步数宜为(　　)。

A.2~10级　　　B.3~10级　　　C.3~15级　　　D.3~18级

6.一般情况下,踏面与踢面的宽度比宜为(　　)。

A.1∶2　　　　　B.2∶1　　　　　C.1∶1.5　　　　D.1.5∶1

(二)多项选择题

1.楼梯由(　　)组成。

A.楼梯段　　　　B.平台　　　　　C.栏杆和扶手　　　D.踏步

2.下列说法正确的有(　　)。

A.楼梯坡度是指梯段的坡度

B.当楼梯坡度小于20°时,可做成坡道

C.楼梯平台的宽度是指墙面到转角扶手中心线的距离

D.楼梯平台过道处的净空高度不宜小于2.2 m

3.楼梯踏面常用的材料有(　　)。

A.水磨石　　　　B.大理石　　　　C.花岗岩　　　　D.缸砖

4.楼梯设计应考虑的因素有(　　)。

A.使用要求　　　B.人流通行情况　　C.防火规范　　　D.使用对象和场合

(三)判断题

1.住宅楼梯井宽大于120 mm 时须采取防止儿童攀爬的措施。　　　　　(　　)

2.踏步上应采取防滑或耐磨措施,通常在踏步上做防滑条或防滑槽。　　(　　)

3.楼梯坡度范围为25°~45°,适宜坡度为30°左右。　　　　　　　　　(　　)

4.楼梯栏杆扶手的高度一般为800 mm。　　　　　　　　　　　　　(　　)

5.栏杆用于室外时,高层建筑的栏杆高度应再适当提高,但不宜小于1 100 mm。(　　)

任务三　理解钢筋混凝土楼梯的构造

任务描述与分析

　　钢筋混凝土楼梯具有坚固耐久、防火性能好、可塑性强等优点,因此得到广泛应用。依据施工方法的不同,钢筋混凝土楼梯分为现浇和预制装配式两种。

　　本任务的具体要求:掌握现浇钢筋混凝土楼梯的分类和构造特点;理解预制装配式楼梯的分类和构造特点。

知识与技能

（一）现浇钢筋混凝土楼梯

现浇钢筋混凝土楼梯的整体性好、刚度大，有利于抗震，但模板耗费大、施工工期长，适用于抗震要求高、楼梯形式和尺寸特殊或吊装有困难的建筑。

楼梯最主要的部分是梯段，因此通常楼梯的结构形式即楼梯段的结构形式。现浇钢筋混凝土楼梯按梯段的结构形式不同，分为板式和梁式楼梯两种。

1.板式楼梯

板式楼梯通常由梯段板、平台梁和平台板三部分组成，如图 6-3-1 所示。梯段板承受梯段的全部荷载，并通过平台梁将荷载传给墙体。必要时，也可取消梯段板一端或两端的平台梁，使梯段板与平台板连成一体，形成折线形的板直接支承在墙上。

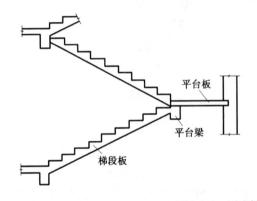

平台板

平台梁

梯段板

图 6-3-1　板式楼梯的组成

板式楼梯的梯段底面平整，外形简洁，便于支模施工。当梯段跨度较大时，梯段板较厚，自重较大，钢材和混凝土用量较多，不经济，适用于跨度不大于 3 m 的楼梯。

2.梁式楼梯

梁式楼梯由踏步板、梯段斜梁（简称梯梁）、平台梁和平台板组成，如图 6-3-2 所示。梯段的荷载由踏步板传给梯梁，梯梁传给平台梁，平台梁将荷载传给墙体。

梯梁通常设两根，分别布置在踏步板的两端。梯梁与踏步板在竖向的相对位置有两种：一种是梯梁在踏步板之下，踏步外露，称为明步，如图 6-3-3（a）所示；另一种是梯梁在踏步板之上，形成反梁，踏步包在里面，称为暗步，如图 6-3-3（b）所示。

当梯段跨度大于 3 m 时，采用梁式楼梯较为经济，但支模及施工比较复杂，而且外观也显得比较笨重。

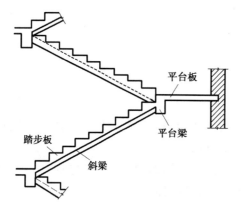

图 6-3-2　梁式楼梯的组成

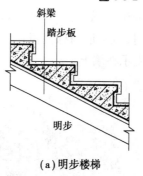
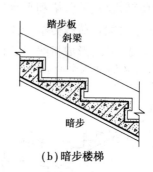

（a）明步楼梯　　　　　（b）暗步楼梯

图 6-3-3　梯梁与踏步板在竖向的相对位置

（二）预制装配式钢筋混凝土楼梯

预制装配式钢筋混凝土楼梯是将楼梯分为若干个构件在预制厂制作，到现场安装。预制装配式钢筋混凝土楼梯可以提高建筑工业化程度，减少现场湿作业，加快施工速度，具有工期短、效率高、造价低等优点。但楼梯的尺寸和造型受到一定限制，抗震能力比现浇楼梯差。

为适应不同的生产、运输和吊装能力，预制装配式钢筋混凝土楼梯有小型构件装配式和大中型构件装配式两类。

1.小型构件装配式楼梯

小型构件装配式楼梯是将楼梯的梯段和平台划分成若干部分，分别预制成小构件装配而成。它的主要特点是构件小而轻，易制作，但施工繁而慢，湿作业多，耗费人力，适用于施工条件较差的地区。

小型构件装配式楼梯的主要构件有踏步和平台板。小型构件装配式楼梯按构造方式不同，可分为梁承式、墙承式和悬挑式三种。

1）梁承式楼梯

梁承式楼梯由踏步板、斜梁、平台梁和平台板组成。踏步板搁置在斜梁上，斜梁搁置在平台梁上，平台梁搁置在两边侧墙上；而平台板可以搁置在两边侧墙上，也可以一边搁在墙上，另一边搁在平台梁上。

2）墙承式楼梯

墙承式楼梯是将预制踏步的两端支承在墙上，如图 6-3-4 所示。墙承式楼梯不需要设梯梁和平台梁，预制构件只有踏步和平台板，踏步可采用 L 形或一字形，一般适用于单向楼梯或中间有电梯间的三折楼梯。对于双跑平行楼梯，应在楼梯间中部设墙。为了采光和扩大视野，可在中间的墙上适当部位留洞口，墙上最好装有扶手。

3）悬挑式楼梯

悬挑式楼梯是将踏步一端固定在墙上，另一端悬挑，利用悬挑的踏步承受梯段全部荷载，并直接传递给墙体，如图 6-3-5 所示。预制踏步采用 L 形或一字形。楼梯间两侧墙体的厚度不应小于 240 mm，悬挑长度一般不超过 1 500 mm。悬挑式楼梯不宜用于 7 度以上的地震区建筑。

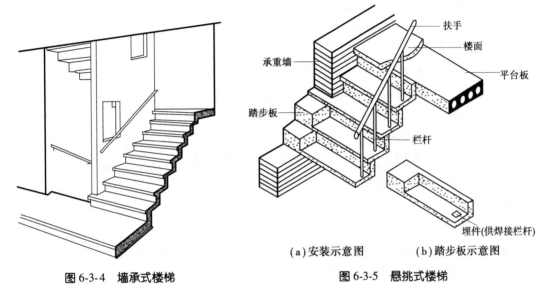

图 6-3-4　墙承式楼梯

（a）安装示意图　　（b）踏步板示意图

图 6-3-5　悬挑式楼梯

2.大中型构件装配式楼梯

大中型构件装配式楼梯是将整个楼梯段做成一个构件，平台梁和平台板合成一个构件（条件限制也可分开），由预制厂生产并在施工现场组装而成。它的特点是构件数量少，施工速度快，可减轻工人的劳动强度，但施工现场需大型吊装设备。大中型构件装配式楼梯主要用于工业化程度高的大型装配式建筑中，或用于构件布置有特别需要的建筑中。

大中型构件装配式楼梯的楼梯段有板式和梁式两种。

思考与练习

（一）单项选择题

1.现浇钢筋混凝土楼梯按梯段的结构形式不同，可分为板式楼梯和（　　）。

A.梁承式楼梯　　　B.墙承式楼梯　　　C.悬挑式楼梯　　　D.梁式楼梯

2.梁板式梯段的组成有（　　）。

Ⅰ.平台　　　　　　Ⅱ.栏杆　　　　　　Ⅲ.梯斜梁　　　　　Ⅳ.踏步板

A.Ⅰ,Ⅲ　　　　　B.Ⅲ,Ⅳ　　　　　C.Ⅱ,Ⅳ　　　　　D.Ⅱ,Ⅳ

3.梁式楼梯中,梯梁在踏步板之下,踏步外露,称为(　　)楼梯。

A.暗步　　　　　　B.明步　　　　　　C.上部　　　　　　D.下部

4.关于现浇钢筋混凝土楼梯,说法错误的是(　　)。

A.整体性好　　　　B.刚度大　　　　　C.湿作业多　　　　D.造价低

(二)多项选择题

1.钢筋混凝土楼梯按照施工方法不同,可分为(　　)。

A.板式楼梯　　　　B.梁式楼梯　　　　C.现浇楼梯　　　　D.预制装配式楼梯

E.梁承式楼梯

2.板式楼梯通常由(　　)组成。

A.踏步　　　　　　B.平台梁　　　　　C.平台板　　　　　D.栏杆扶手

E.梯段板

3.预制装配式楼梯的构造形式有(　　)。

A.梁承式楼梯　　　B.梁式楼梯　　　　C.墙承式楼梯　　　D.悬挑式楼梯

E.板式楼梯

4.钢筋混凝土楼梯的优点是(　　)。

A.坚固耐久　　　　　　　　　　　B.施工速度快

C.可用于形状复杂的楼梯　　　　　D.可用于抗震要求较高的楼梯

E.刚度好

(三)判断题

1.根据钢筋混凝土楼板的施工方法不同,可分为现浇式、预制装配式。　　　　(　　)

2.将踏步一端固定在墙上,另一端悬挑的楼梯称为悬挑式楼梯。　　　　　　(　　)

3.梁式楼梯由踏步板、平台梁和平台板三部分组成。　　　　　　　　　　　(　　)

任务四　了解其他常用垂直交通设施

任务描述与分析

电梯是高层建筑和一些多层建筑(厂房、医院、商场)必须具备的垂直交通设施,它运行速度快,可以节省人力和时间。自动扶梯是建筑物楼层间运输效率最高的垂直交通设施,广泛应用于商场,还起装饰作用。台阶和坡道是建筑物入口处连接室内外有高差或道路有高差的构造。

本任务的具体要求:了解电梯、自动扶梯的分类和组成;了解台阶和坡道。

知识与技能

（一）电梯

1.电梯的类型

电梯的类型较多,一般可按以下几个方面进行分类:

(1)按用途分为乘客电梯、载货电梯、客货两用电梯、医用电梯、观光电梯、消防电梯等。

● 乘客电梯:为运送乘客设计的电梯,要求有完善的安全设施以及一定的轿内装饰,如图6-4-1(a)所示。

● 载货电梯:为运送货物而设计的电梯,运送货物时通常有人伴随。

● 医用电梯:为运送病床、担架、医用车而设计的电梯,轿厢具有长而窄的特点。

● 观光电梯:轿厢壁透明,供乘客观光用的电梯,如图6-4-1(b)所示。

(2)按行驶速度分为低速电梯、中速电梯、高速电梯、超高速电梯等。

(3)按拖动方式分为交流电梯、直流电梯、液压电梯、齿轮齿条电梯、直线电机驱动的电梯等。

(4)按能够承载的质量分为1 000 kg,2 000 kg 等。

(a)乘客电梯　　　　　　　　(b)观光电梯

图 6-4-1　电梯

2.电梯的组成

电梯一般由轿厢、井道和机房三部分组成,如图6-4-2所示。

1)轿厢

轿厢主要用于载人或货物,是由电梯厂生产的设备,要求造型美观、经久耐用。轿厢沿轨道滑行。

2)井道

电梯井道是电梯运行的通道。不同用途的电梯,其井道的平面形式和尺寸不同,一般采用钢筋混凝土现浇而成。井道由围壁、顶板及底坑围成,为了方便出入,每楼层间设出入口,即电梯厅门,为保证安全,电梯厅门在电梯运行过程中应封闭。

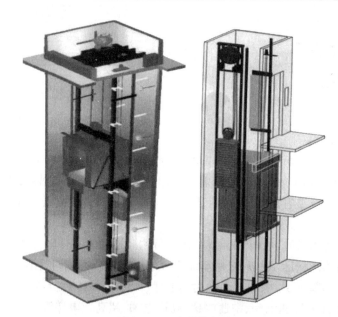

图 6-4-2　电梯的组成

3）机房

机房用来安装曳引机、电控屏、限速器等。机房可以设置在井道顶部,也可设置在井道底部。当机房设于井道底部时,即为曳引机下置式曳引方式。这种方式结构复杂,建筑物承重大,对井道尺寸要求大,只有在机房无法顶置时才使用。对于绝大多数电梯,机房均设于井道顶部。机房必须有足够的面积、高度、承重能力和良好的通风条件。

（二）自动扶梯

自动扶梯是建筑物楼层间运输效率最高的垂直交通设施,承载力较大、安全可靠,被广泛用于人流量大的公共建筑中,如火车站、商场、地铁站等,如图 6-4-3 所示。

图 6-4-3　自动扶梯

自动扶梯由机架、踏步板、扶手带和机房组成。上行时,行人通过梳板步入运行的水平踏步板,扶手带与踏步板同步运行。临近下梯时,踏步逐渐趋近水平,最后通过梳板步入上一楼层。

自动扶梯的角度一般为 30°。当坡度较小时,可将台阶形的踏步制成一字形倾斜踏步板,即成为自动坡道;将一字形踏步板制成水平状,即成为自动走廊,特别适用于机场和大型商场。自动扶梯的宽度一般为 600 mm,800 mm,1 000 mm。

(三)台阶与坡道

台阶和坡道是建筑物入口处连接室内外不同标高地面的构造。一般多采用台阶,当有车辆通行或室内外地面高差较小时,可采用坡道。台阶和坡道也可以一起使用,正面是台阶,两侧是坡道。

台阶的坡度应比楼梯坡度小,台阶踏步宽不宜小于 300 mm,踏步高不宜大于 150 mm,应有防滑措施。当台阶高度超过 0.7 m 并侧面临空时,应设防护措施,如栏杆、花池。台阶与建筑出入口之间应留有一定宽度的缓冲平台,平台深度一般不小于 1 000 mm,为防止雨水流入室内,平台面宜比室内地面低 20~50 mm,并向外找坡 1%~4%,以利于排水。

坡道的坡度不宜大于 1:10,无障碍坡道的坡度不宜大于 1:12,坡道的宽度不应小于 900 mm。坡道的构造和地面相似,面层应选择表面结实和抗冻性好的材料。为保证行人和车辆安全,一般将坡道面层做成锯齿形或做防滑条。

在寒冷、严寒冻胀土地区,室外台阶、坡道应与主体承重结构断开,以确保冻胀时主体结构不受影响,大台阶可采用架空台阶。

拓展与提高

(一)世界最快的电梯在哪里?

迪拜塔又称哈利法塔或比斯迪拜塔,现为世界第一高楼,如图 6-4-4 所示。哈利法塔高 828 m,162 层,大厦内设有 56 部电梯,最高速度达 64 km/h(约 17.8 m/s),为世界最快的电梯。另外还有双层的观光电梯,每次最多可载 42 人。

(二)世界上令人惊叹的 14 座电梯

(1)台北 Aurora(震旦)写字楼里的电梯将这项垂直运动上升到一个令人眩晕的高度,如图 6-4-5(a)所示。

(2)德国奔驰公司展览馆里的电梯。

(3)香港亚太金融大厦的电梯,如图 6-4-5(b)所示。

(4)美国玛丽皇后二号游轮的电梯。

(5)伦敦劳埃德保险公司大厦的电梯。

图 6-4-4　迪拜塔

(6)纽约马奎斯万豪酒店的电梯是纽约市最独特的电梯之一,如图 6-4-5(c)所示。它环绕着这座 49 层高的建筑中间的支柱上上下下。最近这座酒店移除了电梯的开关按钮,由计算机为乘客自动分配所应乘坐的电梯。

(7)拉斯维加斯的"可口可乐罐"电梯,如图 6-4-5(d)所示。

（8）德国蒂森克虏伯钢铁公司内的双子电梯。

（9）新哥特式建筑风格的里斯本 Santa Justa 观光电梯，如图 6-4-5(e)所示。

（10）喀布尔市中心购物广场的电梯，这几部电梯在 2006 年刚开通时是阿富汗历史上最早的电梯。

（11）柏林 Radisson SAS 酒店的电梯，游客们乘坐它可以下到 7 层楼高的水族馆观看海洋动物。

（12）专为 1962 年西雅图 21 世纪博览会建造的电梯，至今仍在使用，如图 6-4-5(f)所示。

（13）埃菲尔铁塔的电梯。

（14）波兰波兹南 StaryBrow 购物中心的玻璃电梯。

图 6-4-5　令人惊叹的电梯

思考与练习

（一）单项选择题

1.台阶的踏步高不宜大于(　　)。

A.200 mm　　　　　　B.180 mm　　　　　　C.150 mm　　　　　　D.120 mm

2.坡道的坡度不宜大于(　　)。

A.1：8　　　　B.1：10　　　　C.1：12　　　　D.1：20

(二)多项选择题

1.下列选项属于电梯的组成部分的是(　　　)。

A.轿厢　　　　　　　　　　B.井道

C.机房　　　　　　　　　　D.升降系统

E.扶手带

2.下列选项属于电梯按用途分类的是(　　　)。

A.乘客电梯　　　　　　　　B.观光电梯

C.中速电梯　　　　　　　　D.医用电梯

E.消防电梯

3.下列选项属于自动扶梯的组成部分的是(　　　)。

A.机架　　　　　　　　　　B.踏步板

C.扶手带　　　　　　　　　D.机房

E.井道

(三)判断题

1.自动扶梯多用于商场、车站。　　　　　　　　　　　　　　　(　　　)

2.发生火灾时可以乘坐电梯。　　　　　　　　　　　　　　　　(　　　)

考核与鉴定六

(一)单项选择题

1.楼梯按(　　　)划分,有木楼梯、钢筋混凝土楼梯、钢楼梯、组合材料楼梯等。

A.材料　　　　　　B.用途　　　　　　C.位置　　　　　　D.平面形式

2.休息平台的宽度为(　　　)。

A.大于楼梯段宽度的2倍　　　　　B.大于或等于楼梯段宽度

C.小于楼梯段宽度的20%　　　　　D.大于楼梯段宽度的80%

3.设计楼梯踏步的踏面宽 b 及踢面高 h 时可参考经验公式(　　　)。

A.$b+2h=600\sim630$ mm　　　　　B.$2b+h=600\sim630$ mm

C.$b+2h=580\sim600$ mm　　　　　D.$2b+h=580\sim600$ mm

4.公用楼梯踏步的高度一般是(　　　)。

A.不小于200 mm　　B.不大于200 mm　　C.不小于175 mm　　D.不大于175 mm

5.踏步防滑条要求高出面层(　　　)。

A.1～2 mm　　　　　B.2～3 mm　　　　　C.3～4 mm　　　　　D.4～5 mm

6.室内楼梯栏杆扶手的高度一般不宜少于(　　　)。

A.1 200 mm　　　　　B.1 100 mm　　　　　C.1 000 mm　　　　　D.900 mm

7.关于板式楼梯和梁式楼梯,下列说法正确的是(　　　)。

A.板式楼梯由梯段板、斜梁和平台板组成

B.当楼梯跨度不大时,适于采用板式楼梯

C.梁板式楼梯自重大,不经济

D.梁板式楼梯由楼梯板承受楼梯的全部荷载,然后传给墙和柱

8.住宅楼梯垂直栏杆间距最大值为( )。

A.100 mm B.110 mm C.120 mm D.130 mm

9.楼梯梯段净宽度指的是( )。

A.扶手中心线至楼梯间墙面装饰面的水平距离

B.扶手边缘线至楼梯间墙面装饰面的水平距离

C.扶手边缘线至楼梯间墙体定位轴线的水平距离

D.扶手中心线至楼梯间墙体定位轴线的水平距离

10.楼梯下要通行,一般其平台的净高度不小于( )。

A.1 900 mm B.2 000 mm C.2 100 mm D.2 200 mm

11.梯段改变方向时,扶手转向端处的平台最小宽度不应小于梯段宽度,并不得小于( )。

A.900 mm B.1 000 mm C.1 100 mm D.1 200 mm

12.民用建筑的楼梯按使用性质不同可分为( )。

A.主要楼梯、辅助楼梯、景观楼梯 B.主要楼梯、辅助楼梯、弧形楼梯

C.景观楼梯、安全楼梯、主要楼梯 D.安全楼梯、辅助楼梯、主要楼梯

13.关于楼梯、坡道坡度,下列说法错误的是( )。

A.楼梯坡度为 $20° \sim 45°$ B.爬梯坡度为 $45° \sim 90°$

C.坡道坡度为 $0° \sim 20°$ D.无障碍坡道的坡度为 $1:10$

14.楼梯踏步数一般不超过( )级,也不宜少于( )级。

A.20,4 B.15,3 C.18,3 D.18,6

15.自动扶梯适用于( )。

A.有大量人流上下的建筑物 B.美观要求较高的建筑物

C.大量乘客携带货物的建筑物 D.有无障碍通道的建筑物

(二)多项选择题

1.现浇钢筋混凝土楼梯的优点是( )。

A.坚固耐久 B.施工速度快

C.可用于形状复杂的楼梯 D.可用于抗震要求较高的楼梯

E.刚度好

2.楼梯的组成包括( )。

A.楼梯梯段 B.楼梯板

C.楼梯平台 D.栏杆和扶手

E.楼梯梁

3.下列说法正确的是( )。

A.室内楼梯扶手高度一般不小于 900 mm

B.8 层住宅建筑的室外楼梯扶手高度不小于 1 100 mm

C.当梯井宽度大于 110 mm 时,需设置安全防护措施

D.楼梯段的净空高度不宜小于 2 m

E.踏步由踏面和踢面组成

4.在教学楼中应用最广泛的楼梯是(　　)。

A.单跑式楼梯　　　　　　　　　　B.交叉式楼梯

C.双分式楼梯　　　　　　　　　　D.螺旋楼梯

E.双合式楼梯

5.设计楼梯的步骤有(　　)。

A.确定楼梯踏步高度和宽度　　　　B.确定楼梯段的宽度和梯井宽

C.确定楼梯的级数　　　　　　　　D.确定楼梯平台的宽度

E.确定梯段的长度

(三)判断题

1.坡度小于 10°时,可将楼梯改成坡道。　　　　　　　　　　　　　　(　　)

2.设计楼梯踏步高度和宽度时,可按公式 $b+2h=600$ mm 计算。　　(　　)

3.钢筋混凝土楼梯施工可以现浇也可以预制装配。　　　　　　　　　(　　)

4.梁板式楼梯按斜梁的位置不同,可分为明步楼梯和暗步楼梯。　　　(　　)

5.电梯一般由轿厢、井道和机房三部分组成。　　　　　　　　　　　(　　)

6.现浇钢筋混凝土板式楼梯适用于梯段跨度大于 3 m 的楼梯。　　　(　　)

7.小型构件装配式楼梯按构造方式不同有梁承式、墙承式、悬挑式三种。(　　)

模块七　门与窗

　　门窗与人们的生活、学习、工作密不可分。现代化建筑物,要求门窗具有通风明亮、经济适用、节能环保、造型美观、防火防盗的功能。门与窗也是建筑物的两个重要围护构件,既能反映建筑物的民族区域特色,又能体现单体建筑物的独特风格。通过本模块的学习,对门与窗会有一个全新的认知。本模块主要有三个学习任务:了解门窗的分类;理解门窗的作用与要求;掌握门窗的构造。

学习目标

(一)知识目标

1.了解门窗的分类;
2.理解门窗的作用与要求;
3.掌握门窗的构造。

(二)技能目标

1.能正确区分门的名称,知晓门窗的尺寸要求和适用范围,为建筑物选择合适的门窗;
2.能识读门窗编号;
3.能熟知木门窗、塑钢门窗、铝合金门窗的构造做法及安装要求。

(三)职业素养目标

1.养成查阅标准图集的习惯;
2.养成节约资源,因地制宜选择材料的意识;
3.培养创新意识。

任务一　了解门窗的分类

任务描述与分析

在日常生活中,门窗随处可见。门窗工程在主体工程结束后,装饰抹灰工程进行前完成。选择不同的门窗形式,对整幢建筑物的造型、外观、功能有着截然不同的效果。

本任务的具体要求:了解门窗的分类;为各种建筑物选择合适的门窗。

知识与技能

(一)按材料划分

(1)木门窗:特别是木门,成为家庭装饰的首选。

(2)钢门窗:在民用建筑中已被限制使用。

(3)铝合金门窗:已被广泛应用于民用建筑中。

(4)塑钢门窗:新型建筑节能门窗。

(二)按开启方式划分

1.门的分类

(1)平开门:使用最广泛的一种门。

(2)弹簧门:常用于公共建筑中人流频繁和有自动关闭要求的场所,常在门扇上部安装玻璃。

(3)推拉门:常用于家庭装潢的卫生间和厨房。

(4)旋转门:常用于有采暖和空调的公共建筑的外门,通常为全玻璃。

(5)折叠门:一般用于商业建筑的外门。

(6)上翻门:常用于工厂、车库的大门。

(7)升降门:用于重要的军事设施和科研机构的外门。

(8)卷帘门:常用于商业建筑的外门和厂房大门。

门的开启方式见表7-1-1。

表 7-1-1　门的开启方式

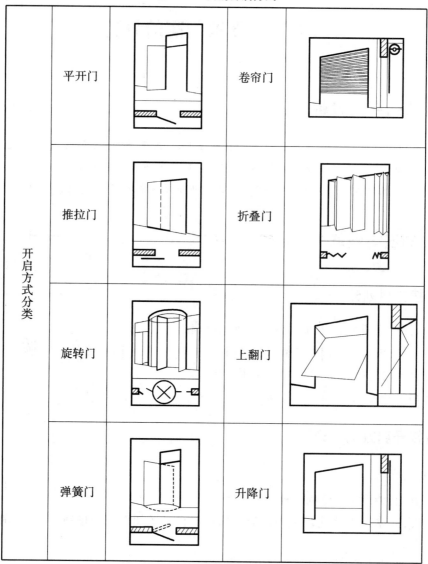

开启方式分类	平开门		卷帘门	
	推拉门		折叠门	
	旋转门		上翻门	
	弹簧门		升降门	

2.窗的分类

（1）平开窗:在民用建筑中应用最为广泛。

（2）悬窗:多用于工业建筑。

（3）立转窗:多用于工业建筑。

（4）固定窗:仅供采光和眺望使用。

（5）百叶窗:常用于通风换气但不需要采光的部位。

（6）推拉窗:适用于铝合金窗和塑钢窗的制作。

窗的开启方式见表 7-1-2。

表 7-1-2　窗的开启方式

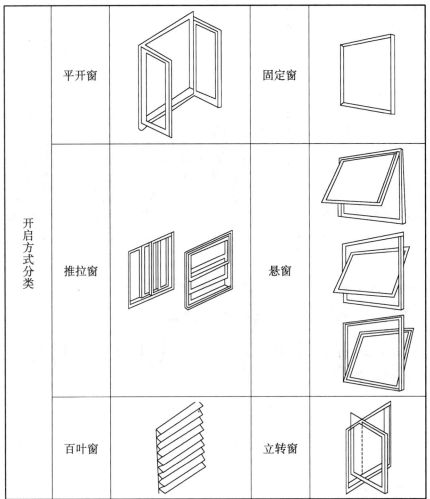

拓展与提高

门窗的其他分类

(1)按所在的位置不同,门可分为外门和内门。位于外墙上的门称为外门,位于内墙上的门称为内门。

(2)按控制方式不同,门可分为手动门、传感控制自动门等。

(3)为满足建筑上的特殊要求,又可把门分为抗爆门、防火门、防盗门、隔声门、保温门等特种门。

(4)按镶嵌材料不同,窗可分为玻璃窗、纱窗、百叶窗等。

（5）按窗的层数，可分为单层窗、双层窗等。

（6）按窗扇的数量，可分为单扇窗、双扇窗、多扇窗等。

（7）按窗的使用功能，可分为隔声窗、密闭窗、防水窗、防盗窗、橱窗、售货窗、售票窗等。

根据所学知识，按开启方式识读下列门和窗。

　　　　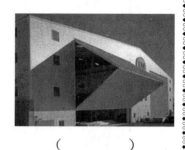

（　　　　　）　　　　　（　　　　　）　　　　　（　　　　　）

（　　　　　）　　　　　（　　　　　）　　　　　（　　　　　）

 思考与练习

（一）单项选择题

1.按材料分类，已被广泛应用于建筑工程的门窗是（　　　　）。

A.木门窗　　　　　B.钢门窗　　　　　C.铝合金门窗　　　　　D.塑钢门窗

2.在民用建筑工程中按开启方式分类，应用最广泛的门是（　　　　）。

A.平开门　　　　　B.旋转门　　　　　C.推拉门　　　　　D.卷帘门

3.在民用建筑工程中按开启方式分类，应用最广泛的窗是（　　　　）。

A.旋转窗　　　　　B.平开窗　　　　　C.推拉窗　　　　　D.百叶窗

（二）多项选择题

1.门窗按材料不同可分为（　　　　）。

A 木门窗　　　　　B.钢门窗　　　　　C.卷帘门窗　　　　　D.铝合金门窗

E.塑钢门窗

2.下列属于门按开启方式分类的是（　　　　）。

A.平开门　　　　　　B.弹簧门　　　　　　C.推拉门　　　　　　D.保温门

E.卷帘门

3.下列属于窗按开启方式分类的是(　　　　)。

A.抗爆窗　　　　　　B.平开窗　　　　　　C.立转窗　　　　　　D.百叶窗

E.推拉窗

(三)判断题

1.在工程建设中只能使用新型材料所做的门窗。　　　　　　　　　　　(　　　)

2.推拉门常用于商业建筑的外门和厂房大门。　　　　　　　　　　　　(　　　)

3.固定窗仅供采光和眺望使用。　　　　　　　　　　　　　　　　　　(　　　)

任务二　理解门窗的作用与要求

任务描述与分析

门窗是每一幢房屋不可或缺的构件,其独特作用是无可替代的,门窗的材质、造型、开关方式等都将影响房屋的整体使用功能。

本任务的具体要求:理解门窗的作用和要求;能根据功能要求正确选择适合于当前建筑的门窗。

知识与技能

(一)门窗的作用

1.门的作用

(1)出入:是人们日常生活、学习、工作进出房间的交通口。

(2)疏散:是紧急时刻进行撤离和逃生的通道。

(3)采光和通风:利用门上玻璃进行采光,通过合理设置门窗位置形成对流通风。

(4)防火:从消防安全角度考虑,门必须具备一定的防火功能,以保障房屋内人员、财产、物资的安全。

(5)美观:门的外观造型丰富了房屋的立面效果。

2.窗的作用

(1)采光:通过合理设置窗的位置为房间提供主要的自然光线。

(2)通风:为保证空气清新,设置足够的窗户进行自然通风。

(3)传递、观察:通过窗户可以进行室内外信息的传递和对外界的观察。

(4)体现建筑风格:窗的造型可大幅度提升房屋外观立面的美观效果,体现不同的建筑风格。

(二)门窗的要求

1.门窗的基本要求

(1)作为围护结构构件时,门窗的材料、构造和施工质量均应满足保温、隔热、隔声、防风沙、防雨淋等要求。

(2)作为交通设施和采光通风等构件时,门窗的设置位置、开启方式、开启方向等应力求满足方便简洁、少占面积、开关自如和减少交叉等要求。

(3)起美观作用时,门的大小、形状、色彩等应与窗协调,共同体现建筑风格。

2.门窗洞口尺寸与编号

1)门洞口尺寸与编号

(1)门洞口高度:考虑到人的平均高度和搬运物体的需要,一般将民用建筑的门洞高度定为2 000 mm。当门高超过2 200 mm时,门头上方应设亮子。

(2)门洞口宽度:门洞口宽度要根据人流量、搬运物体的需要来考虑。

(3)门的编号:关于门的编号,各地区都有相应的图集可供参考,现结合《西南地区建筑标准设计通用图》(西南J611)的规定对木门类别及代号进行介绍,如图7-2-1所示。

图7-2-1 门的编号示例

2)窗洞口尺寸与编号

(1)窗洞口尺寸:窗洞口尺寸的确定取决于采光系数。采光系数又称为窗地比,即采光面积与房间地面面积之比。不同房间根据使用功能的要求,有不同的采光系数,例如:居室为1/8~1/10,教室为1/4~1/5,会议室为1/6~1/8,走廊、储藏室、楼梯间为1/10以下。

(2)窗的编号:关于窗的编号,各地区都有相应的图集可供参考,现结合国家建筑标准设计图集《铝合金门窗》(02J603-1)的规定对铝合金门窗代号进行介绍,如图7-2-2所示。

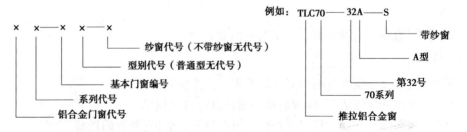

图7-2-2 窗的编号示例

拓展与提高

(一)门窗的有关尺寸规定

通常情况下门宽的尺寸以 100 mm 为模数,一般单扇门的宽度为 700~1 000 mm;当门宽为 1 200~1 800 mm 时,应做成双扇门;当门宽在 2 100 mm 以上时,应做成三扇或四扇门或双扇带固定扇的门。门的高度以 300 mm 为模数。

窗的尺寸应以 300 mm 为模数,在高层及超高层建筑中,可以采用 100 mm 为模数。窗扇尺寸不宜过大,一般平开窗扇的宽度在 400~600 mm,高度在 800~1 500 mm。

(二)门窗的保温与节能措施

为了增大采光通风面积或表现现代建筑的风格特征,建筑物的门窗面积越来越大,更有全玻璃的幕墙建筑,以致门窗的热损失占建筑的总热损失的 40% 以上。门窗节能是建筑节能的关键,门窗既是能源得失的敏感部位,又关系到采光、通风、隔声、立面造型,这就对门窗节能提出了更高要求,其节能处理主要是改善材料的保温隔热性能和提高门窗的密闭性能。采取相应的技术措施如下:

(1)建筑门窗和建筑幕墙全周边高性能密封技术。降低空气渗透热损失,提高气密、水密、隔声、保温、隔热等主要物理性能。

(2)高性能中空玻璃和经济型双玻系列产品在工艺技术和产品性能上要有较大突破。重点解决热反射和低辐射中空玻璃、高性能安全中空玻璃以及经济型双玻的结露温度及耐冲击性能和安装技术,实现隔热与有效利用太阳能的科学结合。

(3)铝合金专用型材及镀锌彩板专用异型材断热技术。重点解决断热材料国产化和耐火、防有害窒息气体安全问题,降低材料成本,扩大推广面。

(4)复合型门窗专用材料开发和推广应用技术。重点开发铝塑、钢塑、木塑复合型门窗专用材料和复合型配套附件及密封材料。

(5)门窗窗型及幕墙保温隔热技术。要以建筑节能技术为动力,对我国住宅窗型结构、开启形式和窗体构造进行技术改造和创新。改变单一的推拉窗型,发展平开窗,特别是复合内开窗及多功能窗。改善高密封窗的换气功能和安全性能,发展断热高效节能豪华型铝合金窗和豪华型多功能门类产品。

(6)门窗和幕墙成套技术。开发多功能系列化,各具地域特色的成套产品;要在提高配套附件质量、品种、性能上有较大突破;要树立名牌产品、精品市场优势;发展多元化、多层次节能产品产业化生产体系。

(7)太阳能开发及利用技术。建筑门窗和建筑幕墙要改变消极保温隔热单一节能的技术观念,要把节能和合理利用太阳能、地下热(水)能、风能结合起来,开发节能和用能(利用太阳能、热能、风能、地热能)相结合的门窗及幕墙产品。

(8)改进门窗及幕墙安装技术。提高门窗及幕墙结构与围护结构的一体化节能技术水平,改善墙体总体节能效果。重点解决门窗、幕墙锚固及填充技术和利用太阳能、空气动力节能技术。

思考与练习

（一）单项选择题

1.考虑人的平均高度和搬运物体的需要,一般将民用建筑的门洞高度定为(　　)。

A.1 800 mm　　　　B.2 000 mm　　　　C.2 200 mm　　　　D.2 400 mm

2.教室的采光系数一般为(　　)。

A.1/8～1/10　　　B.1/4～1/5　　　　C.1/6～1/8　　　　D.1/10

3.通常情况下门宽的尺寸以(　　)为模数。

A.50 mm　　　　B.100 mm　　　　　C.200 mm　　　　　D.300 mm

（二）多项选择题

1.门的作用主要有(　　)。

A.出入　　　　　B.疏散　　　　　　C.采光和通风　　　　D.防火

E.美观

2.窗的作用主要有(　　)。

A.采光　　　　　B.通风　　　　　　C.观察、传递　　　　D.体现建筑风格

E.疏散

3.作为围护结构构件时,要求门窗的材料、构造和施工质量均应满足(　　)等。

A.保温　　　　　B.隔热　　　　　　C.隔声　　　　　　D.防雨淋

E.防风沙

（三）判断题

1.为了方便制作与施工,无论门的宽度是多少都把它做成一扇。　　　　　　　(　　)

2.采光系数又称为窗地比,即采光面积与房间地面面积之比。　　　　　　　(　　)

3.为了保证门窗坚固耐用,就不需要考虑门窗的美观要求。　　　　　　　　(　　)

任务三　掌握门窗的构造

任务描述与分析

现代门窗的制作早已走向标准化、规格化、商业化的道路,工程设计与施工中不抛弃传统材料,还要广泛使用新型材料,根据房屋对门窗的功能要求,充分发挥门窗的材质特性,采用恰当的工艺方法,完好无损地安装好门窗,达到国家相关的质量标准。

本任务的具体要求:掌握木门窗、塑钢门窗、铝合金门窗的构造要求;根据建筑要求进行设计、选用和验收门窗。

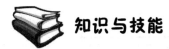

知识与技能

(一)木门窗的构造

1.木门的构造

平开木门一般由门框、门扇、亮子、五金零件及其附件组成,如图7-3-1所示。木门框由上框、边框、中横框、中竖框组成,一般不设下框;门扇按其构造方式不同,有镶板门、夹板门、拼板门、玻璃门和纱门等类型;亮子又称腰头窗,在门上方,为辅助采光和通风之用,有平开、固定及上悬、中悬和下悬几种;附件有贴脸板、筒子板等。

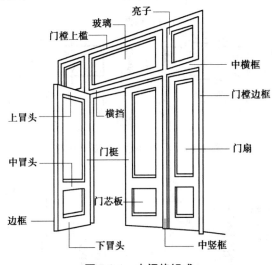

图 7-3-1 木门的组成

1)门框

门框一般由两根竖直的边框和上框(又称上冒头)组成。当门带有亮子时,还有中横框,多扇门还有中竖框,有保温、防风、防水和隔声要求的门应设下槛。

门框的断面形式与门的类型、层数有关,同时应利于门的安装,并应具有一定的密闭性,如图7-3-2所示。

根据施工方式,门框的安装分塞口法和立口法两种,如图7-3-3所示。

(1)塞口法:在已砌筑完工的墙体上安装门框,砌墙时预留门洞口的宽度和高度分别应比门框宽出 20~30 mm、高出 10~20 mm。

(2)立口法:在砌筑墙体前,先用临时支撑将门框固定在墙体轴线上,然后砌筑墙体,待墙体达到设计要求后,再拆除临时支撑。采用立口法安装门框时,应在门框的上框伸出 120 mm 的羊角头,无论是塞口法还是立口法,都应沿墙体高度方向每隔500~700 mm设一木拉砖或铁脚砌入墙身,以保证门框与墙体的牢固。

门框在墙中的位置,可在墙的中间、与墙的内边沿平齐或与墙的外边沿平齐。

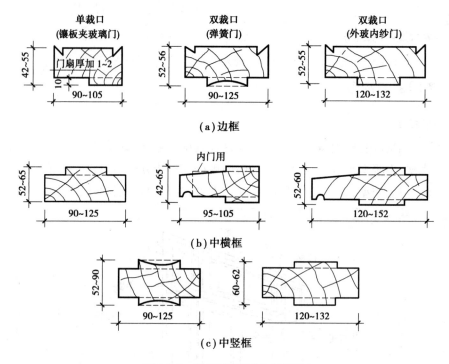

（a）边框

（b）中横框

（c）中竖框

图 7-3-2　门框的断面形式与尺寸

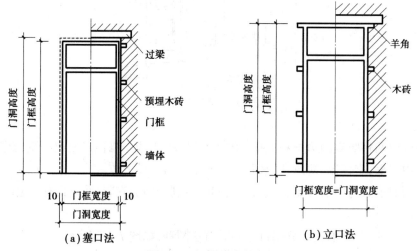

（a）塞口法　　　　　　（b）立口法

图 7-3-3　门框的安装方式

2）门扇

门的名称是由门扇的名称决定的。常用的木门门扇有镶板门（包括玻璃门、纱门）、夹板门和拼板门等。

（1）镶板门。镶板门是一种被广泛使用的门，由边梃、上冒头、中冒头（可做数根）和下冒头组成骨架，在骨架内镶入门芯板（木板、胶合板、硬质纤维板等）构成。

（2）夹板门。夹板门是用断面较小的方木做成骨架，两面粘贴面板而成。

夹板门的形式可以是全夹板门、带玻璃或带百叶夹板门。

（3）拼板门。拼板门的门扇由骨架和条板组成。

有骨架的拼板门称为拼板门,而无骨架的拼板门称为实拼门。

有骨架的拼板门又分为单面直拼门、单面横拼门和双面保温拼板门三种。

3）五金零件

木门所用的五金有合页、拉手、弹子锁、执手、碰头等。

2.木窗的构造

木窗主要由窗框、窗扇、五金零件等部分组成,如图7-3-4所示。

根据不同要求,还有贴脸板、窗台板、筒子板、窗帘盒等附件。

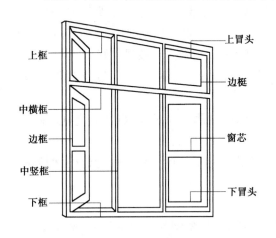

图 7-3- 4 平开木窗的组成

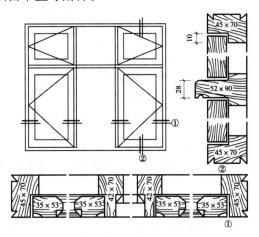

图 7-3-5 平开木窗的构造

1）窗框

窗框由边框、上下框（冒头）、中横框、中竖框组成。

窗框的安装与门框的安装相同,分为塞口法与立口法两种。

塞口时洞口的高、宽尺寸应比窗框尺寸大 10～20 mm。

窗框在墙中的位置,一般是与墙内表面平,安装时窗框突出砖面 20 mm,以便墙面粉刷后与抹灰面平齐。

2）窗扇

窗扇由边梃,上、下冒头和窗芯等组成。

边梃、冒头的断面尺寸一般为 40 mm×60 mm,窗芯断面尺寸为 40 mm×30 mm。在边梃、冒头和窗芯的外侧铲出宽 10 mm、深 12～15 mm 的铲口,以便安装玻璃。

平开木窗为解决防水问题,需加设披水条和滴水槽,其构造如图7-3-5所示。

3）五金零件

平开木窗的五金零件有铰链、插销、风钩、拉手等。

(二)塑钢门窗的构造

1.塑钢门窗的组成与分类

塑钢门窗是以聚氯乙烯(UPVC)树脂为主要原料,加上一定比例的稳定剂、着色剂、填充剂、紫外线吸收剂等,经挤出成型,然后通过切割、焊接或螺接的方式制成门窗框扇,配装上密封胶条、毛条、五金件等,同时为增强型材的刚性,超过一定长度的型材空腔内需要填加钢衬(加强筋),这样制成的门窗称为塑钢门窗。

塑钢门窗因其特殊工艺制作,有着自身的特点:质量轻、性能好、耐腐蚀、坚固耐用、防火性能好、色泽美观。其有独特的优势:保温、隔声性好,耐冲击,气密、水密性好,防盗性好,免维护保养;也有其劣势:PVC 材料刚性不好、防火性能略差、塑钢材料脆性大。

1)组成

一般塑钢门窗主要包括 PVC 型材、纱窗、衬钢、五金、毛条、胶条及各种附件等辅料。

(1)纱窗:分为铝合金框和塑钢框两种。纱布是纱窗的主要功能部分,主要有白钢纱布、尼龙纱、钢纱、喷塑纱等,现在市场大部分采用白钢和尼龙纱,其价格相差数倍。纱布除使用期限外,其他指标主要是目数(即孔眼大小),目数高,孔眼则细,防蚊虫等效果就好。

(2)衬钢:有镀锌和防腐之分,按国家标准应采用镀锌衬钢,衬钢尺寸、厚度及各种物理、化学性能也要符合国家标准。

(3)毛条:分为有硅化和不硅化两种。硅化耐候性好,使用寿命长;不硅化易老化、脱毛、掉毛,其价格差别数倍。

(4)胶条:可分为再生胶和原生胶两种。再生胶多次利用后不耐老化且质地僵硬,使用时间不长。

2)分类

按开启方式,塑钢门分为平开门、推拉门、弹簧门、折叠门;塑钢窗分为平开窗、推拉窗、旋转窗、固定窗、百叶窗。

2.塑钢门窗的构造

1)门窗框的安装

塑钢门窗的安装用塞口法,门窗框在墙体洞口中的连接与固定方法有三种:

(1)直接固定法安装:如在发泡混凝土墙体上安装塑料门窗,必须在墙体预埋木砖或胶黏圆木,将塑料门窗的窗框放入洞口定位后,用木螺钉直接将窗框中衬钢与木砖连接固定;如是水泥钢筋结构墙体,应使用冲击钻在洞口墙体上打孔,采用膨胀螺钉或放入塑料胀管,用自攻螺钉与墙体固定。

(2)固定件法安装:窗框通过固定件与墙体连接,先将固定铁件用自攻螺钉固定在窗框上,再将塑料门窗的窗框放入洞口定位后,使用膨胀螺栓或放入塑料胀管,用自攻螺钉与墙体固定。

(3)辅框法安装:安装前做一个铁制的窗框,先将铁框用上述方法固定在洞口上,再将塑料窗框固定在铁框内。这种安装方法安装快捷、精度高、安装质量偏差小,在国外比较普通,但由于需另行增加安装成本,目前国内尚不多见。

2)装填充材料

塑钢门窗与墙体之间必须是弹性连接,以给窗框热胀冷缩留有伸缩余地,确保塑钢门窗正常使用的稳定性,因此在门窗框与墙体间的缝隙处分层填入毛毡或泡沫塑料,再用1:2水泥砂浆或麻刀灰浆嵌实、抹平,用嵌缝膏进行密封处理。

（三）铝合金门窗构造

1.铝合金门窗的分类和组成

铝合金门窗与木、塑钢门窗相比，具有质量轻、强度高、性能好、耐腐蚀、坚固耐用、色泽美观、便于工业化生产等诸多优点，虽然造价相对较高，目前仍广泛用于民用建筑中。

1）铝合金门窗的分类

铝合金门窗的类型很多，各种类型的门窗都是用不同断面型号的材料加工制作而成。

铝合金门窗一般按门窗框厚度的构造尺寸来作为各种铝合金门窗的称谓，详见表 7-3-1。

表 7-3-1　常见铝合金门窗类型表

分类方式		门窗类型					
门	开启方式分	门窗类型			推拉铝合金门	铝合金弹簧门	
	型材系列分	50 系列	55 系列	70 系列	70 系列	70 系列	90 系列
窗	开启方式分	平开铝合金窗		推拉铝合金窗			
	型材系列分	50 系列	70 系列	70 系列	80 系列	90 系列	120 系列

2）铝合金门窗的组成

铝合金门窗由门窗框、门窗扇、密封条、连接件和五金等组成，如图 7-3-6 所示。

（a）铝合金平开窗

（b）铝合金推拉窗

（c）铝合金百叶窗

（d）铝合金门

（e）铝合金逃生门

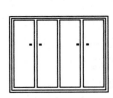
（f）90系列铝合金推拉窗

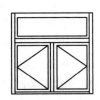
（g）50系列铝合金品开窗

图 7-3-6　铝合金门窗的构造组成

2.铝合金门窗的构造

铝合金门窗是用表面处理过的铝材,经下料、打孔、铣槽、攻丝等加工制作成门窗框的构件,然后与连接件、密封件、开闭五金件一起组合装配成门窗。

1)门窗框安装

铝合金门窗框与墙体的连接用塞口法。连接件固定可采用预埋铁件和燕尾铁脚焊接、膨胀螺栓或射钉方法,如图7-3-7所示。

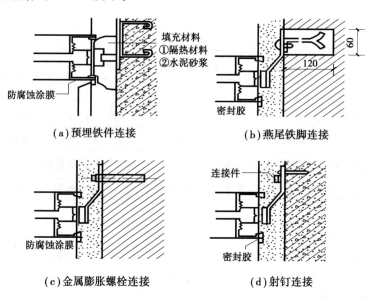

（a）预埋铁件连接　　　　　　　（b）燕尾铁脚连接

（c）金属膨胀螺栓连接　　　　　（d）射钉连接

图 7-3-7　铝合金门窗框与墙的连接构造

固定好后的门窗框与门窗四周的缝隙,一般采用软质保温材料堵塞,分层填实,外表面5~8 mm深的槽口用密封膏密封。

2)玻璃安装

门窗玻璃的安装要求:

(1)门窗玻璃安装应按门窗扇的内口实际尺寸,合理计算用料。

(2)安装玻璃时,当单块玻璃面积尺寸较小时,应以手工就位安装;当玻璃面积尺寸较大时,可采用专用玻璃吸盘将玻璃就位,要求就位玻璃内外两侧的间隙不应少于2 mm。

铝合金门窗玻璃安装的密封与固定方法,一般有如下三种:

(1)采用橡胶条挤紧,然后在胶条上面注入硅酮系列进行封胶。

(2)用20 mm 左右长的橡胶块将玻璃挤住,然后注入硅酮系列封存胶。

(3)采用橡胶压条封缝时,挤紧即可达到牢固,表面无须再注胶。

铝合金门窗玻璃安装时的注意事项:

(1)玻璃下部不能直接坐落于金属面上,应用厚度为 3 mm 的氯丁橡胶导体将玻璃垫起,使玻璃以柔性和弹性与金属框相接触。

(2)在使用密封条时,不允许在拉伸状态下工作,应保持在自由状态下进行安装;要求密封条比门窗的内边长 20~30 mm,在转角处斜面断开,用胶黏剂粘贴牢固,并留有足够的收缩余量。

（3）铝合金门窗的玻璃安装完成后（在交工前），为防止铝合金表面腐蚀，应将表面的包装塑料胶纸撕掉。当塑料胶纸在其表面留有胶痕或其他污物时，可用单面刀刮除或用橡胶水或丙酮液清理干净，并用布轮打磨光亮。

窗扇玻璃为 5 mm 厚，有茶色镀膜、普通透明玻璃等。通常情况下，窗扇与玻璃的密封材料有塔形橡胶封条和玻璃胶两种。

拓展与提高

（一）铝合金型材的壁厚和形状

为保证安全使用，必须对铝合金型材的强度有具体要求，铝合金型材的壁厚不得小于 0.8 mm，一般在 0.8~1.2 mm。常用铝合金断面形状如图 7-3-8 所示。

图 7-3-8　铝合金断面形状

（二）塑钢门窗的断面形状

为提高对塑钢门窗的认识，将塑钢门窗型材横断面剖开，可以看到塑钢门窗的断面形状，如图 7-3-9 所示。

图 7-3-9　塑钢门窗的断面形状

（三）挡板遮阳

遮阳设施是为防止阳光直射到室内,使房间内温度过高并产生眩光,从而影响人们正常生活和工作而采取的一种建筑措施。遮阳设施的类型见表7-3-2。

表7-3-2　遮阳设施的类型

基本形式	特　点	适用范围
水平遮阳	遮挡高度角较大、从窗口上方直射的阳光	南向及接近南向的窗口
垂直遮阳	遮挡高度角较小、从窗口两侧斜射的阳光	偏东、偏西的南或北窗口
综合遮阳	遮挡高度角较小、从窗口侧面斜射的阳光	东南、西南向窗口
挡板遮阳	遮挡高度角较小、正射窗口的阳光	东、西向的窗口

遮阳板的形式如图7-3-10所示。

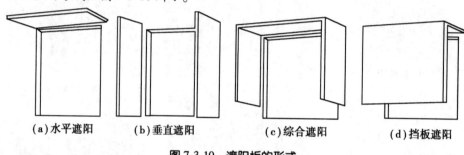

　(a)水平遮阳　　　　(b)垂直遮阳　　　　(c)综合遮阳　　　　(d)挡板遮阳

图7-3-10　遮阳板的形式

思考与练习

（一）单项选择题

1.窗安装采用塞口法时,洞口的高、宽尺寸应比窗框尺寸大(　　　)。

A.5~10 mm　　　　B.10~15 mm　　　　C.10~20 mm　　　　D.20~30 mm

2.铝合金窗扇玻璃通常用(　　　)厚玻璃,有茶色镀膜、普通透明玻璃等。

A.3 mm　　　　B.4 mm　　　　C.5 mm　　　　D.6 mm

3.铝合金型材的壁厚不得小于(　　　)。

A.0.6 mm　　　　B.0.8 mm　　　　C.1.0 mm　　　　D.1.2 mm

（二）多项选择题

1.塑钢门窗安装时,门窗框在墙体洞口中的连接与固定方法有(　　　)。

A.直接固定法安装　　B.固定件法安装　　C.辅框法安装　　　D.塞口法

E.立口法

2.平开木门一般由(　　　)及其附件组成。

A.门框　　　　B.门扇　　　　C.亮子　　　　D.五金零件

E.边框

3.铝合金门窗由(　　　)和五金等组成。

A.门窗框　　　　　　B.门窗扇　　　　　　C.密封条　　　　　　D.连接件

E.亮子

(三) 判断题

1.拼板门的门扇由骨架和条板组成。　　　　　　　　　　　　　　　　　　　　( )

2.铝合金门窗框与墙体的连接用塞口法,连接件固定可采用预埋铁件和燕尾铁脚焊接、膨胀螺栓或射钉方法。　　　　　　　　　　　　　　　　　　　　　　　　　　　　　( )

3.玻璃下部不能直接坐落于金属面上,应用厚度为 3 mm 的氯丁橡胶导体将玻璃垫起,使玻璃以柔性和弹性方式与金属框相接触。　　　　　　　　　　　　　　　　　　　　　( )

考核与鉴定七

(一) 单项选择题

1.常用门的高度一般应大于( )mm;当门高超过( )mm 时,门头上方应设亮子。

A.1 500;2 000　　　　　　　　　　　　B.1 800;2 100

C.2 000;2 200　　　　　　　　　　　　D.2 000;2 400

2.窗的尺寸一般以( )为模数。

A.50 mm　　　　　B.200 mm　　　　　C.300 mm　　　　　D.600 mm

3.门窗框的安装位置( )。

A.内平齐　　　　　B.外平齐　　　　　C.居中　　　　　D.以上都可以

4.下列描述正确的是( )。

A.铝合金窗因优越的性能,常被用于高层建筑

B.铝合金窗在安装时用立口法

C.铝合金型材的壁厚有 0.6 mm 就足够了

D.铝合金窗自重轻、强度高、密封性好

5.只适用于东西向窗口的遮阳板是( )。

A.水平遮阳　　　　B.垂直遮阳　　　　C.混合遮阳　　　　D.挡板遮阳

6.按材料分类,已被广泛应用于建筑工程的门窗是( )。

A.木门窗　　　　　B.钢门窗　　　　　C.铝合金门窗　　　　D.塑钢门窗

7.在民用建筑工程中按开启方式分类,应用最广泛的门是( )。

A.平开门　　　　　B.旋转门　　　　　C.推拉门　　　　　D.卷帘门

8.在民用建筑工程中按开启方式分类,应用最广泛的窗是( )。

A.旋转窗　　　　　B.平开窗　　　　　C.推拉窗　　　　　D.百叶窗

9.考虑到人平均高度和搬运物体的需要,一般将民用建筑的门洞高度定为( )。

A.1 800 mm　　　　B.2 000 mm　　　　C.2 200 mm　　　　D.2 400 mm

10.居室的采光系数一般为( )。

A.1/10～1/8　　　　B.1/5～1/4　　　　C.1/8～1/6　　　　D.1/10

11.通常情况下,门宽的尺寸以( )为模数。

A.50 mm　　　　　B.100 mm　　　　　C.200 mm　　　　　D.300 mm

12.窗安装采用塞口法时,洞口的高、宽尺寸应比窗框尺寸大( )。

A.5~10 mm　　　　B.10~15 mm　　　　C.10~20 mm　　　　D.20~30 mm

13.铝合金窗扇玻璃通常用( )厚玻璃,有茶色镀膜、普通透明玻璃等。

A.3 mm　　　　B.4 mm　　　　C.5 mm　　　　D.6 mm

14.铝合金型材的壁厚不得小于( )。

A.0.6 mm　　　　B.0.8 mm　　　　C.1.0 mm　　　　D.1.2 mm

(二)多项选择题

1.门窗按材料不同可分为( )。

A.木门窗　　　　B.钢门窗　　　　C.卷帘门窗　　　　D.铝合金门窗

E.塑钢门窗

2.按开启方式来分类,下列属于门的分类的是( )。

A.平开门　　　　B.弹簧门　　　　C.推拉门　　　　D.保温门

E.卷帘门

3.按开启方式来分类,下列属于窗的分类的是( )。

A.抗爆窗　　　　B.平开窗　　　　C.立转窗　　　　D.百叶窗

E.推拉窗

4.门的作用主要有( )。

A.出入　　　　B.疏散　　　　C.采光和通风　　　　D.防火

E.美观

5.窗的作用主要有( )。

A.采光　　　　B.通风　　　　C.观察、传递　　　　D.体现建筑风格

E.疏散

6.作为围护结构构件时,要求门窗的材料、构造和施工质量均应满足( )等要求。

A.保温　　　　B.隔热　　　　C.隔声　　　　D.防雨淋

E.防风沙

7.塑钢门窗安装时,门窗框在墙体洞口中的连接与固定方法有( )。

A.直接固定法安装　　B.固定件法安装　　C.辅框法安装　　　D.塞口法

E.立口法

8.平开木门一般由( )及其附件组成。

A.门框　　　　B.门扇　　　　C.亮子　　　　D.五金零件

E.边框

9.铝合金门窗由( )和五金等组成。

A.门窗框　　　　B.门窗扇　　　　C.密封条　　　　D.连接件

E.亮子

(三)判断题

1.推拉门常用于商业建筑的外门和厂房大门。　　　　　　　　　　　　( )

2.固定窗仅供采光和眺望使用。　　　　　　　　　　　　　　　　　　( )

3.一般情况下,门窗在设计、制作过程中为了满足标准化生产,门窗高度与宽度都要遵循国家关于标准模数的要求。 （　　）

4.为了保证门窗坚固耐用,就不需要考虑门窗的美观要求。 （　　）

5.某学校有一幢6层在建教学楼,建筑面积6 000 m²,框架结构,内廊式布局,东偏北30°。现主体工程已结束,由于工期紧张,装饰工程已经谈妥,即将入场。因此,门窗工程安装迫在眉睫,经施工单位与门经销商和窗安装公司协商,两天后必须入场进行安装,否则按违约处理。门窗工程安装完毕,经验收满足质量验收标准。

请根据上述材料所述,对下列事件进行判断。

（1）教室的前后门采用平开带亮子的防盗门。 （　　）

（2）教室外墙上采用塞口法安装铝合金推拉窗。 （　　）

（3）内廊与楼梯间的防火门采用甲级木质防火门,开启方向为向内廊一侧平开。 （　　）

（4）在教学楼底层外墙窗安装时,在窗外侧加装了一层铝合金纱窗,以达到防蚊虫和防盗的目的。 （　　）

（5）因为房屋是东偏北30°,但建设单位为了节省资金,对外墙上所有窗都取消隔热措施,连最基本的窗帘也没有安装。 （　　）

模块八　屋　顶

　　屋顶是房屋最上部的围护结构,应满足相应的使用功能的要求,为建筑提供适宜的内部空间环境。屋顶也是房屋顶部的承重结构,受到材料、结构、施工条件等因素的影响;屋顶又是建筑体量的一部分,其形式对建筑物的整体造型有很大影响,因此,设计中还应注意屋顶的美观问题,在满足其他设计要求的同时,力求创造出个性化的屋顶。本模块主要有三个学习任务:了解屋顶的分类与要求;掌握平屋顶的构造;掌握坡屋顶的构造。

 ## 学习目标

(一)知识目标

1.了解屋顶的作用与分类;

2.掌握平屋顶的构造;

3.掌握坡屋顶的构造。

(二)技能目标

1.会依据工程环境选择合适的屋顶类型;

2.会依据工程环境选择合理的屋顶排水和防水方案及保温隔热方案;

3.能描述平屋顶和坡屋顶的构造组成;

4.能熟知柔性防水屋顶和刚性防水屋顶的构造做法;

5.能阐述天沟、分格缝、泛水、檐口、雨水口、变形缝的细部构造做法。

(三)职业素养目标

1.培养选择、使用规范的职业意识;

2.养成环境保护、安全施工的意识;

3.培养创新能力。

任务一 了解屋顶的分类与要求

任务描述与分析

屋顶作为房屋最顶端的结构,除具有承重、围护作用外,还起遮风避雨、抵挡外界对室内危害的作用。目前各种类型的建筑物如雨后春笋般地拔地而起,为增强房屋整体美观效果,改变传统屋顶的局限性,将屋顶修建成千姿百态的样式,形成各具特色的房屋建筑。

本任务的具体要求:了解屋顶的分类与要求,为民用建筑物选择恰当的屋顶形式。

知识与技能

(一)屋顶的类型

屋顶的类型很多,其形式主要由屋顶的结构和布置形式、建筑的使用要求、屋面使用的材料等因素决定,具体可以分成以下几类:

(1)按屋顶的坡度和外形不同,分为平屋顶、坡屋顶和其他形式屋顶,如图8-1-1所示。

(2)按屋顶结构传力特点不同,分为有檩屋顶和无檩屋顶。

(3)按屋顶保温隔热要求不同,分为保温屋顶、不保温屋顶、隔热屋顶。

(4)按屋面材料与结构不同,分为卷材(柔性)防水屋顶和非卷材防水屋顶。

随着科学技术的发展,出现了许多新型的屋顶结构形式,如拱结构、薄壳结构、悬索结构、网架结构屋顶等,这类屋顶多用于较大跨度的公共建筑。

(二)屋顶的要求

1.强度和刚度要求

屋顶既是建筑物的围护构件,也是建筑物的承重结构。因此,要求屋顶首先要有足够的强度,以承受作用在屋顶上的各种荷载的作用;其次要有足够的刚度,防止屋顶受力后产生过大的变形导致屋面开裂,造成屋面渗漏。

2.防水和排水要求

屋顶的防水和排水是屋顶构造设计应满足的基本要求。防水是通过选择不透水的屋面材料,以及合理的构造处理来达到目的;排水是通过合理的组织达到排水的目的。

3.保温隔热要求

屋顶作为建筑物最上层的外围护结构,应具有良好的保温隔热性能,以满足建筑物的使用要求。在北方寒冷地区,屋顶应满足冬季的保温要求,减少室内热量的损失,以节约能源;在南

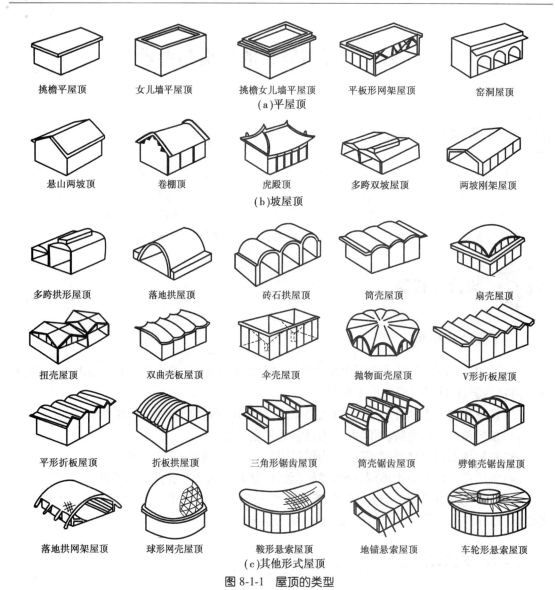

挑檐平屋顶　　　女儿墙平屋顶　　挑檐女儿墙平屋顶　　平板形网架屋顶　　　窑洞屋顶

(a)平屋顶

悬山两坡顶　　　卷棚顶　　　　虎殿顶　　　　多跨双坡屋顶　　两坡刚架屋顶

(b)坡屋顶

多跨拱形屋顶　　　落地拱屋顶　　　砖石拱屋顶　　　筒壳屋顶　　　扇壳屋顶

扭壳屋顶　　　双曲壳板屋顶　　　伞壳屋顶　　抛物面壳屋顶　　V形折板屋顶

平形折板屋顶　　　折板拱屋顶　　三角形锯齿屋顶　　筒壳锯齿屋顶　　劈锥壳锯齿屋顶

落地拱网架屋顶　　球形网壳屋顶　　鞍形悬索屋顶　　地锚悬索屋顶　　车轮形悬索屋顶

(c)其他形式屋顶

图8-1-1　屋顶的类型

方炎热地区,屋顶应满足夏季隔热的要求,以减少室外高温及强烈的太阳辐射对室内产生的不利影响。

4.美观要求

屋顶是建筑物外部形体的重要组成部分,屋顶的形式在很大程度上影响建筑物的整体造型,因此设计时应注重屋顶的建筑艺术效果。

(三)屋顶的排水方式

1.无组织排水

无组织排水是指屋面雨水直接从檐口滴落至地面的一种排水方式,因为不用天沟、雨水管等导流雨水,故又称为自由落水,如图8-1-2所示。

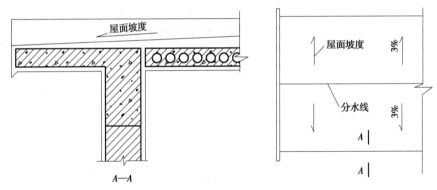

图 8-1-2　无组织排水方式

无组织排水适用于三层及三层以下,或檐高不大于 10 m 的建筑物的屋面,以及干燥、少雨地区的屋面。

2.有组织排水

有组织排水是指雨水由天沟、雨水管等排水装置被引导至地面或地下管沟的一种排水方式。有组织排水又可分为内排水和外排水两种基本形式。

采用钢筋混凝土檐沟、天沟时,其净宽不应小于 300 mm,并应满足敷贴保温层及安装雨水口所需的宽度要求。分水线处最小深度不应小于 100 mm。当屋面面积在 5 000 m² 以上、做内排水并且在屋面溢流不会造成损害时,可采用虹吸式雨水排放系统。

常用外排水方式有挑檐沟外排水、女儿墙外排水和女儿墙挑檐沟外排水三种,如图8-1-3所示。

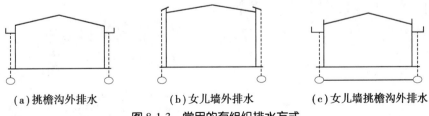

（a）挑檐沟外排水　　　　（b）女儿墙外排水　　　　（c）女儿墙挑檐沟外排水

图 8-1-3　常用的有组织排水方式

拓展与提高

（1）屋顶是由防水和承重构件组成。按不同的设计要求和构造做法,设置不同的层次,主要由防水层、承重层、保温或隔热层和顶棚四部分组成。由于构造要求,有时可增设找平层、找坡层、隔汽层等。

（2）当屋顶坡度较小时,屋顶排水速度较慢,雨水在屋面上停留时间较长,屋面应有较好的防水性能;当屋顶坡度较大时,屋顶排水速度较快,对屋面的防水要求就较低。我国根据建筑物的性质、重要程度、使用功能要求、防水屋面耐用年限等,将屋面防水分为两个等级,见表8-1-1。

表 8-1-1　屋面防水等级和设防要求

防水等级	建筑类别	设防要求	防水做法
Ⅰ级	重要的建筑和高层建筑	二道防水设防	卷材防水层和卷材防水层、卷材防水层和涂膜防水层、复合防水层等
Ⅱ级	一般建筑	一道防水设防	卷材防水层、涂膜防水层、卷材和涂膜复合防水层等

（3）地方特色屋顶——渝北体育馆。渝北体育馆（图 8-1-4）坐落于重庆市渝北区空港新城广场旁，占地面积 61.46 亩，总建筑面积为 39 527.4 m²（其中体育馆建筑面积为 25 804 m²），建筑总高度 37.25 m；设计观众座位为 6 000 余个（其中固定座位 2 925 个，活动座席 3 078 个）。

体育馆包括地上二层、地下一层。从外形上看，渝北体育馆犹如一艘银色的太空船，不仅与空港名称相得益彰，更展现了渝北区人民向上腾飞的理想；同时，渝北体育馆又像是一颗巨大的、璀璨的珍珠，在空港新城的土地上熠熠生辉。该馆采用了西南地区唯一的穹顶结构，馆内不但没有遮挡视线的立柱，屋顶还设计有三块总面积约一个篮球场大小的玻璃窗，白天室内不用开灯，还能电动开窗透气。

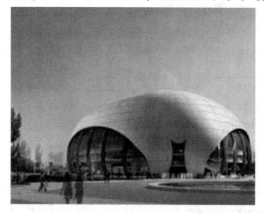

图 8-1-4　渝北体育馆

思考与练习

（一）单项选择题

1.按屋面材料与结构分，有（　　）和非卷材防水屋顶。

A.薄壳结构　　　　　　　　　　　　　B.保温屋顶

C.卷材(柔性)防水屋顶　　　　　　　　D.网架结构屋顶

2.有组织排水可分为内排水和(　　　)两种基本形式。

A.无组织排水　　　B.外排水　　　　　C.自由落水　　　　D.不确定

3.无组织排水主要适用于少雨地区或一般低层建筑,或檐高不大于(　　　)m 的建筑物屋面。

A.5　　　　　　　B.8　　　　　　　　C.10　　　　　　　D.15

(二)多项选择题

1.屋顶按坡度和外形分为(　　　)。

A.平屋顶　　　　　B.有檩屋顶　　　　　C.坡屋顶　　　　　　D.无檩屋顶

E.其他形式屋顶

2.屋顶的要求主要有(　　　)

A.强度和刚度　　　B.防水和排水　　　　C.保温隔热　　　　　D.美观

E.构造

3.屋顶按保温隔热要求不同可分为(　　　)。

A.保温屋顶　　　　B.坡屋顶　　　　　　C.不保温屋顶　　　　D.隔热屋顶

E.网架结构屋顶

(三)判断题

1.无组织排水就是不考虑排水问题。　　　　　　　　　　　　　　　(　　　)

2.屋顶只要满足强度和刚度要求就可以了,其他要求就不必考虑。　　(　　　)

3.临街建筑和高层建筑可以采用无组织排水方式。　　　　　　　　　(　　　)

任务二　掌握平屋顶的构造

任务描述与分析

　　平屋顶具有构造简单、施工方便的优点,但屋面排水慢、积水多、易渗漏、造型单调,在经济发达的东部沿海城市,平屋顶已经受到限制,有的甚至禁止建设平屋顶的住宅楼。而在西部地区,由于经济欠发达,加上钢筋混凝土的普遍运用,防水材料日新月异地更新,平屋顶仍在广泛使用。为了增强屋顶的美观性,对平屋顶在造型上进行变化,有的还保留传统屋顶做法,更能体现出区域民族特色。

　　本任务的具体要求:掌握平屋顶的构造做法;能合理采用平屋顶的防水方式;能根据区域特点选择恰当的保温和隔热措施。

知识与技能

（一）平屋顶概述

平屋顶通常是指坡度小于 3% 的屋顶,平屋顶常用坡度为 1%~3%,如图 8-2-1 所示。

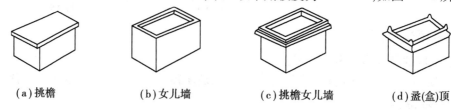

（a）挑檐　　　　　（b）女儿墙　　　　（c）挑檐女儿墙　　　　（d）盝(盒)顶

图 8-2-1　平屋顶的形式

由于平屋顶在建筑造型上较单一,所以工程中多用斜板挑檐和女儿墙等作为造型变化的手段,如图 8-2-2 所示。

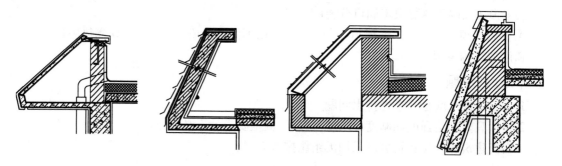

图 8-2-2　平屋顶的斜板挑檐

平屋顶主要由结构层(承重层)、防水层(面层)、保温层(隔热层)组成,有时由于构造要求可增设找平层、找坡层、隔汽层等。为了形成排水坡度,常通过材料找坡和结构找坡,如图 8-2-3所示。材料找坡是在屋面板上用轻质材料,如水泥炉渣、膨胀珍珠岩等垫置需要的坡度;结构找坡是将屋面板按照需要的坡度倾斜建造而成。

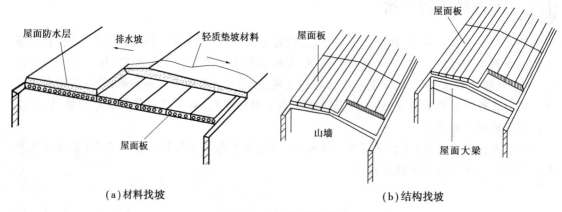

（a）材料找坡　　　　　　　　　　（b）结构找坡

图 8-2-3　屋面坡度的形成

平屋顶按屋顶防水层的不同,有刚性防水、卷材防水、涂料防水及粉剂防水屋顶等多种做法。

(二)刚性防水屋顶

刚性防水屋顶是指以刚性材料作为防水层,如防水砂浆抹面、细石混凝土或配筋细石混凝土现浇而成的整体防水层等。

刚性防水屋面要求基底变形小,一般只适用于无保温层的屋面,不适用于高温、有振动和基础有较大不均匀沉降的建筑。

1.刚性防水屋顶的构造层次

1)结构层

一般采用现浇或预制装配的钢筋混凝土屋面板作为结构层。

2)找平层

通常应在结构层上覆以 20 mm 厚 1∶3 水泥砂浆作为找平层。

3)隔离层

隔离层可采用黏土浆、石灰砂浆、低强度等级砂浆或薄砂层上干铺一层油毡等作为隔离材料。

4)防水层

当屋面板为现浇板时,采用 1∶2 或 1∶3 的水泥砂浆,掺入水泥用量 3%~5% 的防水剂抹两道而成,其厚度为 20~25 mm,如图 8-2-4 所示。

当屋面板为预制板时,采用整体现浇细石混凝土或配筋细石混凝土做防水层。配筋细石混凝土防水屋面的混凝土强度等级应不低于 C20,其厚度宜不小于 40 mm,双向配置 $\phi4$~$\phi6$ 钢筋,间距为 100~200 mm 的双向钢筋网片。为提高防水层的抗渗性能,可在细石混凝土内掺入适量外加剂(如膨胀剂、减水剂、防水剂等),以提高其密实性能,如图 8-2-5 所示。

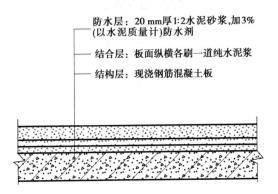

图 8-2-4　刚性防水屋顶构造

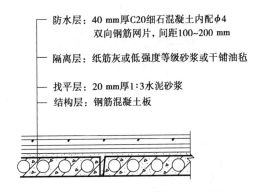

图 8-2-5　细石(配筋)混凝土防水屋面

2.刚性防水屋顶的细部构造

1)屋顶分格缝

分格缝应设置在屋面板的支承端、屋面转折处、防水层与突出屋面的交接处,并应与屋面板缝对齐,使防水层因温差的影响、混凝土干缩结构变形等因素造成的防水层裂缝集中到分格缝处,以免板面开裂。一般情况下分格缝间距不宜大于 6 m。刚性防水屋面分格缝的布置和做法如图 8-2-6 所示。

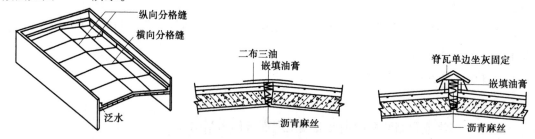

图 8-2-6　刚性防水屋面分格缝的布置和做法

分格缝的构造要点是:防水层内的钢筋在分格缝处应断开;屋面板缝用浸过沥青的木丝板等密封材料嵌填,缝口用油膏等嵌填;缝口表面用防水卷材铺贴盖缝,卷材宽度为 200 ~ 300 mm;在屋脊和平行于流水方向的分格缝处,也可将防水层做成翻边泛水,用盖瓦单边坐灰固定覆盖。

2)泛水构造

泛水是屋面防水层与突出结构之间的防水构造。刚性防水层与屋面突出物(女儿墙、烟囱等)间需留分格缝,另铺贴附加卷材盖缝形成泛水,泛水最小高度不得小于 250 mm,如图 8-2-7所示。

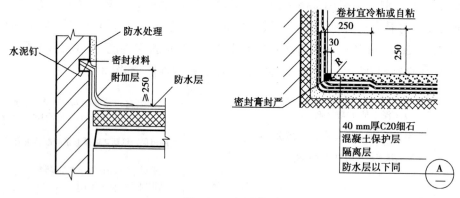

图 8-2-7　泛水构造

3)檐口构造

檐口构造如图 8-2-8 所示。

4)雨水口构造

雨水口有直管式和弯管式两种做法,如图 8-2-9、图 8-2-10 所示。直管式一般用于挑檐沟外排水的雨水口,弯管式用于女儿墙外排水的雨水口。

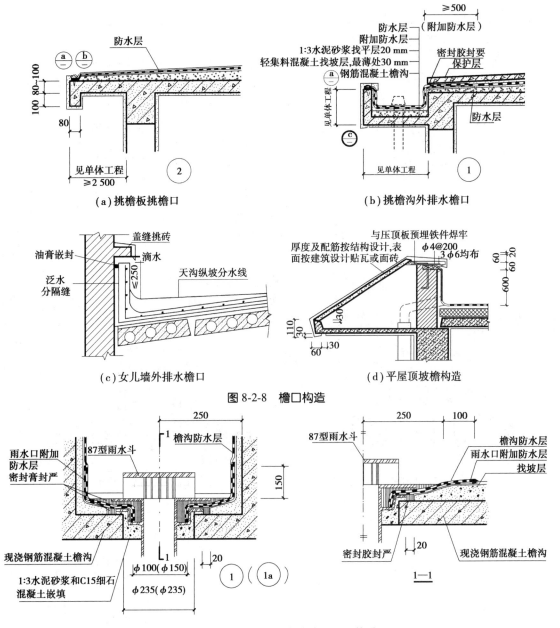

图 8-2-8　檐口构造

图 8-2-9　100(150)型直管式雨水口构造

5)变形缝构造

屋顶变形缝的构造处理原则是既不能影响屋面的变形,又要防止雨水从变形缝处渗入室内。变形缝的构造如图 8-2-11 所示。

(三)柔性防水屋顶

柔性防水屋顶又称为卷材防水屋顶,是指以防水卷材和黏结剂分层粘贴而构成防水层,如图 8-2-12 所示。

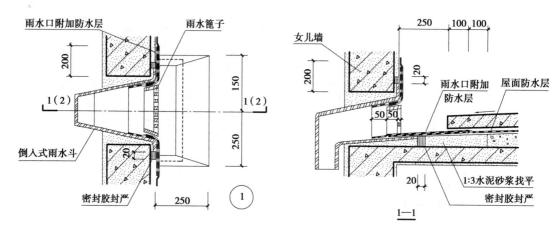

图 8-2-10　弯管式雨水口构造

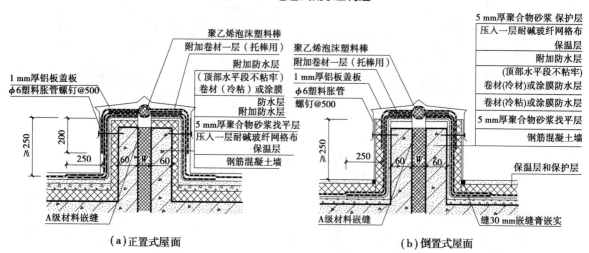

（a）正置式屋面　　　　　　　　　　（b）倒置式屋面

图 8-2-11　屋面变形缝构造

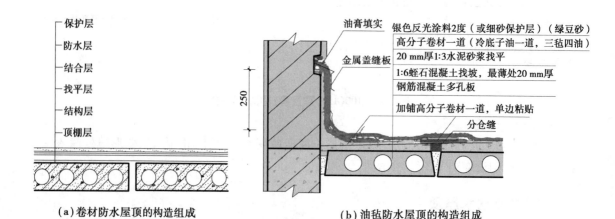

（a）卷材防水屋顶的构造组成　　　　　（b）油毡防水屋顶的构造组成

图 8-2-12　柔性防水屋顶构造

卷材防水屋顶所用卷材有沥青类卷材、高分子类卷材、高聚物改性沥青类卷材等,适用于防水等级为Ⅰ~Ⅱ级的屋面防水。

 知识窗

屋面防水工程应根据建筑物的类别、重要程度、使用功能要求确定防水等级,并应按相应等级进行防水设防;对防水有特殊要求的建筑屋面,应进行专项防水设计。屋面防水等级和设防要求应符合表8-2-1的规定。

表 8-2-1　屋面防水等级和设防要求

防水等级	建筑类别	设防要求
Ⅰ级	重要建筑和高层建筑	两道防水设防
Ⅱ级	一般建筑	一道防水设防

1.柔性防水屋顶的构造层次

(1)结构层:一般采用现浇或预制装配的钢筋混凝土屋面板。

(2)找平层:一般设在结构层或保温层上面,采用20~30 mm 厚1:3水泥砂浆或1:8沥青砂浆找平,中间可设宽度为 20 mm 的分格缝。

(3)结合层:结合层所用材料应根据卷材防水层材料的不同来选择,沥青类卷材通常用冷底子油,高分子卷材则多用配套基层处理剂、冷底子油或稀释乳化沥青作结合层。

(4)防水层:由胶结材料与卷材黏合而成,卷材连续搭接,形成屋顶防水的主要部分。

(5)保护层:防止防水层直接受风吹日晒后开裂漏雨而铺设。

2.柔性防水屋顶的细部构造

1)泛水构造

泛水,即屋面防水层与突出结构之间的防水构造,如图 8-2-13 所示。突出于屋面之上的女儿墙、烟囱、楼梯间、变形缝、检修孔、立管等壁面与屋顶的交接处,将屋面防水层延伸到这些垂直面上,形成立铺的防水层,称为泛水。

2)檐口构造

柔性防水屋顶的檐口构造分挑檐、挑檐沟、女儿墙檐口等,如图 8-2-14 所示。

3)雨水口构造

建筑上的雨水口是屋面或者楼面有组织排水方式中收集、引导屋面雨水流入排水管的装置,有直式和侧向雨水口,所用的材料有钢丝罩、铸铁盖、镀锌铁皮水斗。倒置式屋面雨水口如图 8-2-15 所示。

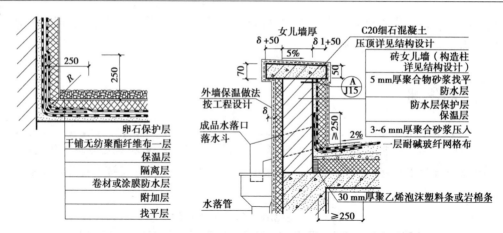

图 8-2-13　平屋顶泛水构造

图 8-2-14　女儿墙檐口构造

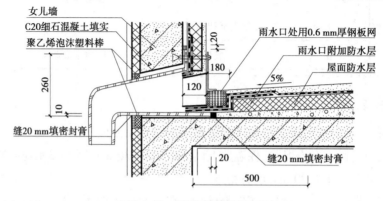

图 8-2-15　倒置式屋面雨水口

4）屋顶变形缝构造

建筑物在外界因素作用下常会产生变形,导致开裂甚至破坏,而变形缝是针对这种情况而预留的构造缝。屋顶变形缝构造如图 8-2-16 所示。

图 8-2-16　变形缝构造

（四）屋顶的保温与隔热

1.平屋顶的保温

1）保温材料类型

（1）散料类:常用炉渣、矿渣、膨胀蛭石、膨胀珍珠岩等。

（2）整体类：以散料作骨料，掺入一定量的胶结材料，现场浇筑而成。

（3）板块类：利用骨料和胶结材料由工厂制作而成的板块状材料。

2）保温层构造

在平屋顶的构造层中，保温材料的设置位置有正置式和倒置式两种。

（1）正置式：将保温层通常设在结构层之上、防水层之下而形成封闭保温层的一种做法，如图 8-2-17（a）所示。

（2）倒置式：将保温层设在防水上层之形成敞露式保温层的一种做法，如图 8-2-17（b）所示。

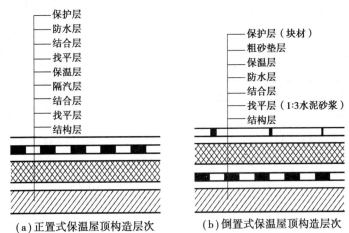

（a）正置式保温屋顶构造层次　　（b）倒置式保温屋顶构造层次

图 8-2-17　平屋顶保温构造

2. 平屋顶的隔热

1）通风隔热屋面

通风隔热屋面是指在屋顶中设置通风间层，使上层表面起遮挡阳光的作用，利用风压和热压作用把间层中的热空气不断带走，以减少传到室内的热量，从而达到隔热降温的目的。

通风隔热屋面一般有架空通风隔热屋面和顶棚通风隔热屋面两种做法。

（1）架空通风隔热屋面：通风层设在防水层之上，其做法很多，其中以架空预制板或大阶砖最为常见，如图 8-2-18（a）所示。

（2）顶棚通风隔热屋面：利用顶棚与屋顶之间的空间作隔热层，顶棚通风层净空高度一般为 500 mm 左右，设置一定数量的通风孔，以利于空气对流。

2）蓄水隔热屋面

蓄水隔热屋面是指在屋顶蓄水，利用水蒸发时需要大量的汽化热，大量消耗投射到屋面的太阳辐射热，从而达到降温隔热的目的，如图 8-2-18（b）所示。

3）种植隔热屋面

种植隔热屋面是在屋顶上种植植物，利用植被的蒸腾和光合作用，吸收太阳辐射热，从而达到降温隔热的目的，如图 8-2-18（c）所示。

4) 实体材料反射降温屋面

实体材料反射降温屋面是利用实体材料的颜色和光滑度对热辐射的反射作用,将一部分热量反射回去从而达到降温的目的,如图 8-2-18(d) 所示。

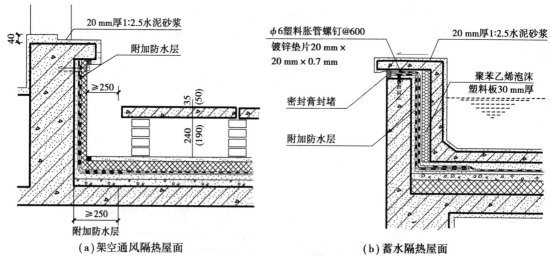

（a）架空通风隔热屋面 （b）蓄水隔热屋面

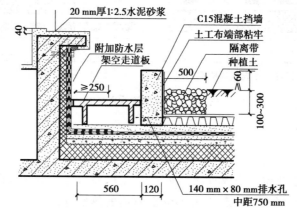

（c）种植隔热屋面

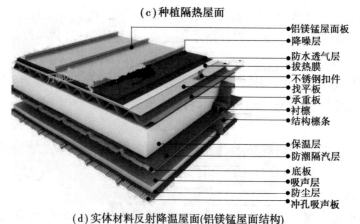

（d）实体材料反射降温屋面(铝镁锰屋面结构)

图 8-2-18　平屋顶的隔热构造

拓展与提高

涂膜防水屋顶

涂膜防水屋顶又称涂料防水屋顶,是涂膜防水屋顶用可塑性和黏结力较强的高分子防水涂料直接涂刷在屋顶基层上,形成一层不透水的薄膜层,以达到防水目的的一种屋顶做法。

防水涂料有塑料、橡胶和改性沥青三大类,常用的有塑料油膏、氯丁胶乳沥青涂料和焦油聚氨酯防水涂膜等。

1.涂膜防水屋顶的构造层次与做法

涂膜防水屋顶的构造层次与柔性防水屋顶相同,由结构层、找坡层、找平层、结合层、防水层和保护层组成。

涂膜防水屋顶的常见做法:结构层和找坡层材料做法与柔性防水屋顶相同,找平层通常为 25 mm 厚 1:2.5 水泥砂浆。

2.涂膜防水屋顶细部构造

(1)分格缝构造;

(2)泛水构造;

(3)檐口构造;

(4)雨水口构造。

 思考与练习

(一)单项选择题

1.平屋顶通常是指坡度小于( )的屋顶。

A.1%　　　　　　B.3%　　　　　　C.5%　　　　　　D.10%

2.屋顶分格缝是在刚性防水层上设置的变形缝。一般情况下,分格缝间距不宜大于( )。

A.4 m　　　　　　B.6 m　　　　　　C.8 m　　　　　　D.10 m

3.刚性防水层与屋面突出物(女儿墙、烟囱等)间须留分格缝,另铺贴附加卷材盖缝形成泛水,泛水最小高度不得小于( )。

A.200 mm　　　　B.250 mm　　　　C.300 mm　　　　D.500 mm

(二)多项选择题

1.平屋顶主要由( )组成。

A.结构层　　　　　B.防水层　　　　　C.地面层　　　　　D.保温层

E.楼面层

2.平屋顶的保温材料类型主要有( )三种。

A.散料类　　　　　B.正置式　　　　　C.整体类　　　　　D.倒置式

E.板块类

3.平屋顶的隔热屋面主要有(　　)。

A.通风隔热屋面　　　　　　　　　　　　B.种植隔热屋面

C.蓄水隔热屋面　　　　　　　　　　　　D.实体材料反射降温屋面

E.其他

(三)判断题

1.卷材防水屋顶所用卷材有沥青类卷材、高分子类卷材、高聚物改性沥青类卷材等,适用于防水等级为Ⅰ~Ⅳ级的屋面防水。　　　　　　　　　　　　　　　　　　　　　(　　)

2.正置式是将保温层通常设在结构层之上、防水层之下而形成封闭保温层的一种做法。
　　　　　　　　　　　　　　　　　　　　　　　　　　　　　　　　　　　　　(　　)

3.刚性防水屋面要求基底变形小,一般只适用于无保温层的屋面,不适用于高温、有振动和基础有较大不均匀沉降的建筑。　　　　　　　　　　　　　　　　　　　　　　(　　)

任务三　掌握坡屋顶的构造

任务描述与分析

坡屋顶是我国建筑的传统形式,具有造型新颖、排水效果好、时尚美观等特点。传统的坡屋顶主要以木材作为屋顶的承重结构,现已被淘汰,取而代之的是钢筋混凝土坡屋顶,特别是现浇钢筋混凝土坡屋顶的应用更为广泛。一些大城市还将平屋顶改成为坡屋顶("平改坡"工程)。

本任务的具体要求:能掌握坡屋顶的构造做法;能正确处理坡屋顶的细部构造;能根据区域特点选用恰当的坡屋顶类型和材料。

知识与技能

(一)坡屋顶的类型

坡屋顶通常是指坡度不小于3%的屋顶。常用的坡屋顶有单坡、双坡、四坡、歇山等,如图8-3-1所示。

图 8-3-1　坡屋面的形式

坡屋顶按承重方式不同,可分为横墙承重、屋架承重、钢筋混凝土梁板承重。其中屋架形式常为三角形,由上弦、下弦及腹杆组成,所用材料有木材、钢材及钢筋混凝土等,如图8-3-2所示。

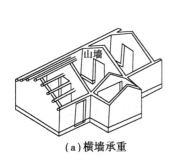 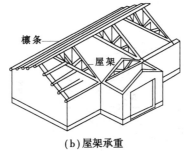 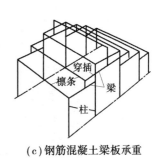

（a）横墙承重　　　　　　　　（b）屋架承重　　　　　　　　（c）钢筋混凝土梁板承重

图8-3-2　坡屋顶的承重结构类型

坡屋顶按坡度大小不同,还可分为坡屋顶和斜屋顶两类。

（二）坡屋顶的构造做法

坡屋顶包括屋面承重基层和屋面瓦材两部分。根据需要还可以设置保温层、隔热层及顶棚等。屋面瓦材主要有平瓦、波形瓦、金属瓦三种。

1.平瓦屋面

平瓦屋面根据材料分黏土瓦和水泥瓦两种,每片瓦的尺寸为 400 mm×230 mm,互相搭接后的有效尺寸为 330 mm×200 mm,瓦面上有排水槽,瓦底后部有挂瓦爪。在坡屋顶中,平瓦应用较为广泛的主要有以下三种:

1)冷摊瓦屋面

在屋架上弦或椽条上钉挂瓦条,在挂瓦条上铺瓦。由于构件少、构造简单、造价低、保温和防漏差,所以多用于简易房屋,如图8-3-3所示。

 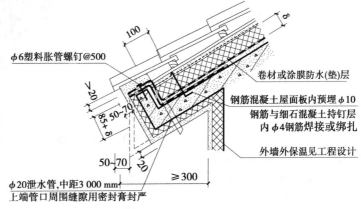

图8-3-3　冷摊瓦屋面

2)屋面板平瓦屋面

屋面板平瓦屋面是在檩条上钉 15～25 mm 厚的屋面板(又称望板),板上沿屋脊方向铺油毡1层,沿排水方向钉顺水条,再在顺水条上打挂瓦条以用于挂瓦,如图8-3-4所示。

3)挂瓦板平瓦屋面

挂瓦板是预制的钢筋混凝土构件,它把檩条、屋面板、挂瓦条的功能结合在一起。挂瓦板直接搁置在屋架或横墙上挂瓦。挂瓦板的基本形式有单肋、双肋和异形三种。这种屋顶顶棚平整、构造简单、易渗水,如图8-3-5所示。

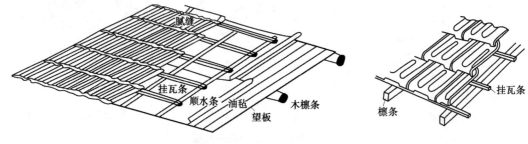

图8-3-4 屋面板平瓦屋面

图8-3-5 挂瓦板平瓦屋面

2.波形瓦屋面

波形瓦按材料不同分为石棉水泥瓦、纤维水泥瓦、塑料瓦、玻璃钢瓦、彩色压型钢板瓦等,按波形不同分为大波、中波、小波、弧形波、梯形波和不等波等。

波形瓦可直接固定在檩条上,檩条间距根据瓦长而定,每张瓦至少有3个支点。

1)石棉水泥瓦和纤维水泥瓦

石棉水泥瓦是用石棉短纤维与硅酸盐水泥(石棉:水泥=1:9)在水中混合成浆,经真空过滤机脱水,制成长方形大板,在铁皮模中压成波形瓦,经蒸汽养护即成波形石棉水泥瓦,如图8-3-6所示。

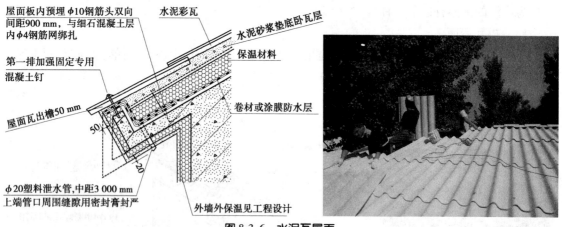

图8-3-6 水泥瓦屋面

2)塑料波形瓦和玻璃钢瓦

复合塑料瓦是以PVC为结构基材,表层采用丙烯酸类工程塑料等高耐候性塑料树脂,复合共挤制成,不含石棉。

玻璃钢是树脂合成材料,合成树脂瓦是采用高耐候性合成树脂加工成的屋面瓦,具有良好的耐候性、耐老化、耐腐蚀性、不易褪色等特点,适用于结构基层为现浇钢筋混凝土板的坡屋面和有檩体系坡屋面。玻璃钢瓦屋面如图8-3-7所示。

图 8-3-7　玻璃钢瓦屋面

3.金属瓦屋面

　　金属瓦屋面是用金属面板(压型钢板、彩色压型钢板、压型铝合金板及金属夹心板等)、金属型材(轻钢型材、铝合金型材)以及玻璃等作为建筑物的屋面材料,兼有围护和装饰作用。

　　金属瓦屋面具有制作工艺简单、自重轻、安装方便、防火性能好、保温性能差等特点,由波形金属瓦、檩条组成,如图 8-3-8 所示。

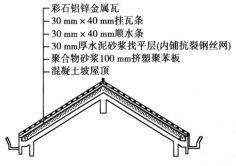

- 彩石铝锌金属瓦
- 30 mm × 40 mm 挂瓦条
- 30 mm × 40 mm 顺水条
- 30 mm厚水泥砂浆找平层(内铺抗裂钢丝网)
- 聚合物砂浆100 mm挤塑聚苯板
- 混凝土坡屋顶

图 8-3-8　彩色压型钢板屋面

(三)坡屋顶的细部构造

1.平瓦屋面

1)檐口构造

(1)纵墙檐口:根据造型要求做成挑檐或封檐,如图 8-3-9 所示。

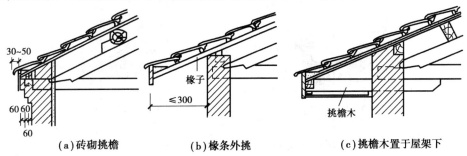

30~50

60 60

60

椽子

≤300

挑檐木

　(a)砖砌挑檐　　　　　(b)椽条外挑　　　　　(c)挑檐木置于屋架下

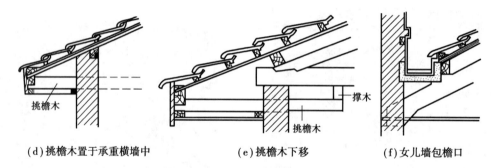

（d）挑檐木置于承重横墙中　　（e）挑檐木下移　　（f）女儿墙包檐口

图 8-3-9　平瓦屋面纵墙檐口构造

（2）山墙檐口：按屋顶形式分为硬山与悬山两种。

硬山屋顶是有前后两坡，左右两侧山墙与屋面相交，并将檩木梁全部封砌在山墙内的建筑。硬山建筑是汉族古建筑中最普通的形式，无论住宅、园林、寺庙中都有大量的这类建筑。

悬山屋顶是有前后两坡，两山屋面悬于山墙或山面屋架之外的建筑。悬山建筑檩木不是包砌在山墙之内，而是挑出山墙之外，挑出的部分称为"天翔"，这是它区别于硬山的主要之点，是显示汉族文化特色的标志性建筑。

2）天沟构造

天沟构造如图 8-3-10 所示。

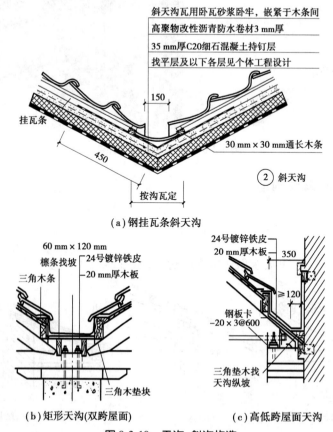

（a）钢挂瓦条斜天沟

（b）矩形天沟（双跨屋面）　　（c）高低跨屋面天沟

图 8-3-10　天沟、斜沟构造

3）泛水构造

泛水构造如图 8-3-11 所示。

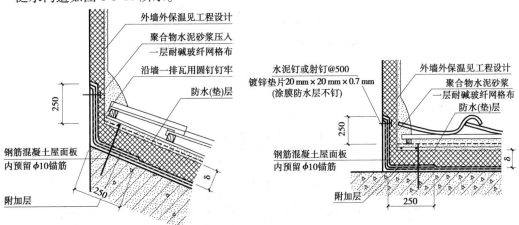

图 8-3-11　木挂瓦条泛水构造

2.金属瓦屋面

1）金属瓦屋面的构造

金属瓦屋面的构造处理方法如表 8-3-1 所示。

表 8-3-1　金属瓦屋面构造

构造类型	部　位	构造处理方法		
缝节点构造	竖缝	带盖条的立咬口缝	带罩立咬口缝	单侧立咬口缝
	横缝	单平咬口缝	双平咬口缝	
细部构造	泛水	将瓦材向上弯起，收头处钉在预埋木砖上，用嵌缝油膏将缝封严，高 150~200 mm		
	天沟	天沟瓦材与坡面瓦材的接缝，均采用双平咬口缝，并用嵌缝油膏镶严密		
	檐口	无组织排水屋面，檐口瓦材应伸出墙面 200 mm，檐口瓦材折卷在 T 形铁上（T 形铁间距不大于 700 mm）		
	雨水口	将金属瓦向下弯折，铺入雨水口的套管中		

金属瓦屋面的缝节点构造如图 8-3-12 和图 8-3-13 所示。

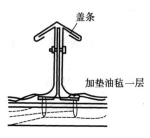

（a）立咬口缝节点构造

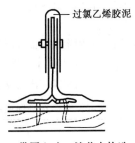

（b）带罩立咬口缝节点构造

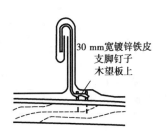

（c）单侧立咬口缝节点构造

图 8-3-12　竖缝节点构造

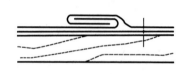

（a）单平咬口缝节点构造　　　　　（b）双平咬口缝节点构造

图 8-3-13　横缝节点构造

2）金属压型板屋面的细部构造

金属压型板屋面的构造处理方法如表 8-3-2 所示。

表 8-3-2　压型金属板屋面构造

构造类型	部 位			构造处理方法
缝节点构造	纵向			在檩条处采用搭接方式,并设两道胶条嵌缝
	横向			采用搭接、咬边、卡扣等方法接缝,但两块板均应伸至支承构件上
细部构造	低波	屋脊	单坡	将屋脊包角板用拉铆钉固定,搭接长>200 mm,外露钉头进行防水处理
			双坡	屋脊板用钩头螺栓固定在檩条上,搭接长≥200 mm,中距为200~400 mm,搭接部位和外露螺栓均填充密封材料
		山墙		将山墙包角板用钩头螺栓在第二波峰上固定,包角板在屋面和山墙的搭接长>200 mm,对钩头和包角板进行防锈和密封处理
				将山墙包角板用接铆钉固定,包角板与压型钢板搭接在双层压型钢板上
		檐口		将檐口堵头用拉铆钉固定在檐口处,塑料堵头用螺栓固定在墙上,拉铆钉头应进行防水处理
		泛水		将泛水板用挂钩螺栓固定在屋面板压型钢板上,要进行密封和防水处理
		挑檐沟		将檐沟板用螺栓固定在屋面压型钢板上,用挂钩螺栓将屋面压型钢板与檩条固定,注意进行密封和防水处理
		伸缩缝		伸缩缝的盖缝板与伸缩缝两边的屋面压型钢板搭接长度应超过两个波峰,在波峰处用拉铆钉将盖缝板固定
	高波	屋脊	单坡	将屋脊包角板用钩头螺栓和紧固螺栓固定,搭接长≥200 mm,注意密封和防水处理
			双坡	将屋脊包角板用紧固螺栓固定,搭接长≥200 mm,注意密封和防水处理
		山墙		将山墙包角板与墙面接触处用膨胀螺栓固定,包角板与压型钢板用螺栓固定,固定支架应固定在预埋件上
		檐口		将檐口挡水板与塑料挡水件连接一起用螺栓固定在压型板上,压型板与固定支架用固定螺栓固定
		泛水		将泛水板用固定螺栓固定在屋面板压型钢板的第二波峰的表面上,与墙面用膨胀螺栓固定,注意密封和防水处理
压型屋面板与檩条节点连接处	高波			压型屋面板在波峰处用螺栓与固定支架固定,固定支架下部焊接在檩条上
	低波			压型屋面板通过固定长螺栓直接焊接或通过钩头螺栓固定在檩条上

压型钢板屋面构造和压型钢板与铁架及檩条的连接如图 8-3-14、图 8-3-15 所示。

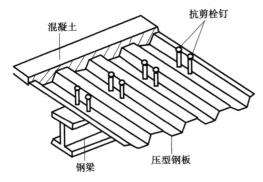

图 8-3-14 压型钢板屋面构造图

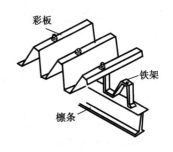

图 8-3-15 压型钢板与铁架及檩条的连接

 拓展与提高

(一)斜屋顶相关知识

通常把坡度不小于15°且小于90°屋顶的称为斜屋顶,其中当坡度较大(如大于60°)时,一般会被认为斜墙,为了统一,也称为斜屋顶(图8-3-16)。斜屋顶的形式有单坡屋顶、双坡屋顶、四坡屋顶、曼莎屋顶和拱形屋顶等几种。其中曼莎屋顶是折线或复折线屋顶的统称。

 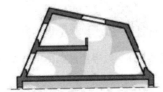 

图 8-3-16 斜屋顶

斜屋顶由承重结构层和屋面两部分组成。屋面的构造组成有瓦材及瓦材铺设层、找平层、保温隔热层、卷材或涂膜防水层、隔汽层等。

斜屋顶的窗应做成老虎窗或斜屋顶窗,如图8-3-17所示。

(a)老虎窗 (b)斜窗

图 8-3-17 斜屋顶的窗

（二）坡屋顶的保温与隔热

1.坡屋顶保温构造

坡屋顶的保温层一般布置在瓦材与檩条之间或吊顶棚上面。保温材料可根据工程具体要求选用松散材料、块体材料或板状材料。

2.坡屋顶隔热构造

炎热地区在坡屋顶中设进气口和排气口,形成屋顶内的自然通风,以减少由屋顶传入室内的辐射热,从而达到隔热降温的目的。进气口一般设在檐墙上、屋檐部位或室内顶棚上;出气口最好设在屋脊处,以增大高差,有利加速空气流通。

（三）地方特色坡屋顶

双子星姊妹楼位于涪陵区高笋塘步行街,是商贸重点建设工程高笋塘步行街项目,整个楼层为48层,高182.7 m,加上27 m塔尖,总高近210 m。其屋顶即为有地方特色的坡屋顶,如图8-3-18所示。

图 8-3-18　双子星姊妹楼特色屋顶

思考与练习

（一）单项选择题

1.坡屋顶的屋面坡度不小于(　　　)。

A.1%　　　　　　B.3%　　　　　　　　C.5%　　　　　　　　　D.10%

2.平瓦屋面根据材料分为黏土瓦和水泥瓦两种,每片瓦的尺寸为(　　　)。

A.400 mm×230 mm　　　　　　　　B.400 mm×240 mm

C.330 mm×230 mm　　　　　　　　D.330 mm×200 mm

3.波形瓦可直接固定在檩条上,檩条间距根据瓦长而定,每张瓦至少(　　　)个支点。

A.2　　　　　　B.3　　　　　　C.4　　　　　　D.5

（二）多项选择题

1.平屋顶的排水方式分为(　　　)。

A.有组织排水　　　B.无组织排水　　　C.坡屋顶排水　　　　D.平屋顶排水

E.明沟排水

2.屋面瓦材主要有(　　　)三种。

A.平瓦屋面　　　　　B.平屋面　　　　　C.波形瓦屋面　　　　D.斜屋面

E.金属屋面

3.坡屋面按承重方式来分,可分为(　　　)。

A.横墙承重积　　　　B.屋架承重　　　　C.钢筋混凝土梁板承重　D.纵墙承重

E.纵横墙承重

(三)判断题

1.变形缝就是伸缩缝。　　　　　　　　　　　　　　　　　　　　　　　　　(　　)

2.坡屋顶本身具有很好的排水功能,所以不需要再做防水层。　　　　　　　(　　)

3.炎热地区在坡屋顶中设进气口和排气口,形成屋顶内的自然通风,以减少由屋顶传入室内的辐射热,从而达到隔热降温的目的。　　　　　　　　　　　　　　　　　(　　)

考核与鉴定八

(一)单项选择题

1.按屋面材料与结构分,有(　　　)和非卷材防水屋顶。

A.薄壳结构　　　　　　　　　　　　　B.保温屋顶

C.卷材(柔性)防水屋顶　　　　　　　　D.网架结构屋顶

2.有组织排水又可分为内排水和(　　　)两种基本形式。

A.无组织排水　　　B.外排水　　　　　C.自由落水　　　　D.不确定

3.坡屋顶的屋面坡度不小于(　　　)。

A.1%　　　　　　　B.3%　　　　　　　C.5%　　　　　　　D.10%

4.平瓦屋面根据材料分为黏土瓦和水泥瓦两种,每片瓦的尺寸为(　　　)。

A.400 mm×230 mm　　　　　　　　　B.400 mm×240 mm

C.330 mm×230 mm　　　　　　　　　D.330 mm×200 mm

5.波形瓦可直接固定在檩条上,檩条间距根据瓦长而定,每张瓦至少(　　　)个支点。

A.2　　　　　　　　B.3　　　　　　　　C.4　　　　　　　　D.5

6.平屋顶通常是指坡度小于(　　　)的屋顶。

A.1%　　　　　　　B.3%　　　　　　　C.5%　　　　　　　D.10%

7.屋顶分格缝是在防水层上设置的变形缝,一般情况下分格缝间距不宜大于(　　　)。

A.4 m　　　　　　　B.6 m　　　　　　　C.8 m　　　　　　　D.10 m

8.刚性防水层与屋面突出物(女儿墙、烟囱等)间须留分格缝,另铺贴附加卷材盖缝形成泛水,泛水最小高度不得小于(　　　)。

A.200 mm　　　　　B.250 mm　　　　　C.300 mm　　　　　D.500 mm

9.卷材防水屋顶所用卷材有沥青类卷材、高分子类卷材、高聚物改性沥青类卷材等,适用于防水等级为(　　　)级的屋面防水。

A. Ⅰ~Ⅱ   B. Ⅱ~Ⅲ   C. Ⅲ~Ⅳ   D. Ⅰ~Ⅳ

10.平屋顶常用坡度为( )。

A.1%~3%   B.1%~2%   C.1%~2%   D.1%~5%

11.当屋面板为现浇板时,采用1∶2或1∶3的水泥砂浆,掺入水泥用量3%~5%的防水剂抹两道而成,其厚度为( )。

A.10~20 mm   B.15~25 mm   C.20~25 mm   D.25~30 mm

12.屋面防水等级可分为( )个等级。

A.2   B.3   C.4   D.5

(二)多项选择题

1.屋顶按坡度和外形分为( )。

A.平屋顶   B.有檩屋顶   C.坡屋顶   D.无檩屋顶

E.其他形式屋顶

2.屋顶的要求主要有( )。

A.强度和刚度要求   B.防水和排水要求   C.保温隔热要求   D.美观要求

E.构造要求

3.平屋顶主要由( )组成。

A.结构层   B.防水层   C.地面层   D.保温层

E.楼面层

4.平屋顶的保温材料类型主要有( )。

A.散料类   B.正置式   C.整体类   D.倒置式

E.板块类

5.平屋顶的隔热屋面主要有( )。

A.通风隔热屋面   B.种植隔热屋面

C.蓄水隔热屋面   D.实体材料反射降温屋面

E.其他

6.平屋顶的排水方式分为( )。

A.有组织排水   B.无组织排水   C.坡屋顶排水

D.平屋顶排水   E.明沟排水

7.根据屋面瓦材的不同,坡屋顶主要有( )。

A.平瓦屋面   B.平屋面   C.波形瓦屋面   D.斜屋面

E.金属屋面

8.坡屋面按承重方式来分,可分为( )。

A.横墙承重   B.屋架承重   C.钢筋混凝土梁板承重   D.纵墙承重

E.纵横墙承重

(三)判断题

1.无组织排水就是不考虑排水问题。   ( )

2.临街建筑和高层建筑必须采用有组织排水方式。   ( )

3.倒置式是将保温层通常设在结构层之上、防水层之下而形成封闭保温层的一种做法。

（　　）

4.坡屋顶本身具有很好的排水功能,所以不需要再做防水层。（　　）

5.某学校新建一座大礼堂,建筑面积800 m²,框架结构,礼堂净高12 m。柱断面600 mm×800 mm,柱距3.6 m;主梁断面350 mm×1 800 mm,跨度18 m,采用倒T形梁承重,梁上搁置预制板形成不上人的平屋顶,防水层采用刚性防水层。具体做法是:现浇40 mm厚细石混凝土,配筋ϕ^b6.5@200,未设置分格缝,只是在防水层施工完成后用手动电锯切割成深10 mm、宽5 mm的未贯通缝作为伸缩缝。为便于排水,采用结构找坡,即梁起拱3%。工程竣工验收结果:礼堂主体工程为优良,其他为合格。

请根据上述材料,判断下列问题正确与否。

1.工程施工中,施工单位对屋面防水层中的配筋私自改为配筋ϕ^b6.5@220,工程监理不作反应。（　　）

2.该工程中如果采用材料找坡,对房屋也不会产生影响。（　　）

3.由于该工程地处雷击区,在长期振动荷载作用下,屋面一定会产生裂缝且会渗水。

（　　）

4.该工程中关于伸缩缝的做法是正确的。（　　）

5.该工程顶棚装饰做法为底层黏结层5 mm厚水泥砂浆,中层高级抹灰10 mm厚水泥砂浆,面层为3 mm厚的仿瓷涂料,总厚度为18 mm。在长期雷击振动荷载作用下,顶棚一定会产生装饰层掉落现象。（　　）

参考文献

［1］吴舒琛.建筑识图与构造［M］.3版.北京:高等教育出版社,2019.

［2］杨志刚.建筑构造［M］.2版.重庆:重庆大学出版社,2013.

［3］孙鲁,甘佩兰.建筑构造［M］.3版.北京:高等教育出版社,2007.

［4］王直民,黄卫华.房地产策划［M］.北京:北京大学出版社,2010.

［5］夏广政,吕小彪,黄艳雁.建筑构造与识图［M］.武汉:武汉大学出版社,2011.

［6］王鹏.建筑识图与构造［M］.北京:机械工业出版社,2010.

［7］中国建筑标准设计研究院.住宅建筑构造:11J930［S］.北京:中国计划出版社,2011.

［8］中国建筑标准设计研究院.平屋面建筑构造:12J201［S］.北京:中国计划出版社,2012.

［9］中华人民共和国住房和城乡建设部.民用建筑设计统一标准:GB 50352—2019［S］.北京:中国建筑工业出版社,2019.